科技保密工作
常见问题研究

解玮玮　著

中国海洋大学出版社
·青岛·

图书在版编目（ＣＩＰ）数据

　科技保密工作常见问题研究 / 解玮玮著. — 青岛：
中国海洋大学出版社, 2019.6（2024.4重印）
　ISBN 978-7-5670-2236-2

　Ⅰ.①科… Ⅱ.①解… Ⅲ.①科学技术—保密—研究
—中国 Ⅳ.①G322

　中国版本图书馆CIP数据核字(2019)第091918号

出版发行　中国海洋大学出版社
社　　　址　青岛市香港东路23号　　　邮政编码　266071
出　版　人　杨立敏
网　　　址　http://pub.ouc.edu.cn
订购电话　0532-82032573（传真）
责任编辑　张　华
装帧设计　祝玉华
照　　　排　光合时代
印　　　制　北京虎彩文化传播有限公司
版　　　次　2019年12月第1版
印　　　次　2024年4月第2次印刷
成品尺寸　170mm×230mm
印　　　张　8
印　　　数　1001~1650
字　　　数　106千
定　　　价　58.00元

如发现印装质量问题，请致电18600843040，由印刷厂负责调换。

前言

　　党的十九大将"坚持总体国家安全观"作为新时代坚持和发展中国特色社会主义的基本方略之一，对维护国家安全做出一系列重要部署。贯彻落实总体国家安全观，维护国家的安全和利益，增强我国科技创新能力和国际竞争力，是保密工作的神圣使命和艰巨任务。

　　科技秘密是一个国家的核心秘密，更是敌对势力和竞争对手窃取的重要目标。当前，国际形势瞬息万变，科技竞争日益激烈，科技创新日趋活跃，科技保密工作面临着日益复杂的环境。信息技术发展快速，涉密主体日趋多元，国际科技合作领域扩大，科技人员跨国界流动频繁，科技创新和成果转化节奏加快，针对我国科技领域的窃密活动愈加复杂，失泄密风险因素在上升，国家科学技术秘密安全面临的威胁在增大，窃密与反窃密、泄密与防泄密的形势严峻、任务艰巨。

　　当前，做好科技保密要以更高的政治站位、更广阔的时空视角，应对工作中面临的新情况、新问题，进一步强化保密工作在国家科学技术研究与创新发展中的地位和作用。本书依据《中华人民共和国保守国家秘密法》《中华人民共和国科学技术进步法》《中华人民共和国保守国家秘密法实施条例》和《国家科学技术秘密持有单位管理办法》《国家科学技术秘密定密管理办法》等法律法规，紧密联系科技人员及涉密人员科研工作和日常管理的实际，从科学甄别科技秘密、规范管理科技秘密、妥善处置科技秘密等多个角度，就科技保密工作常见问题开展研究。

解玮玮

2019 年 5 月

目录
Contents

第一章
科技保密常识

习近平总书记强调，科技是国之利器，国家赖之以强，企业赖之以赢，人民生活赖之以好。一个国家是否强大很大程度上要看科技是否强大，国家之间的较量归根结底是科技实力的较量。贯彻落实习近平总书记的重要指示，实施科技强国战略，必须高度重视、切实加强科技领域的保密工作。随着新一轮科技革命和产业变革的孕育兴起，特别是"一带一路"战略的实施和创新驱动发展战略的推进，加强新时代科研领域的保密工作，成为摆在我们面前的一项重要而艰巨的任务。为此，首先必须了解什么是国家秘密、什么是科技秘密。

第一节　科技秘密的定义

国家秘密是关系国家安全和利益，依照法定程序确定，在一定时间内只限一定范围的人员知悉的事项。《中华人民共和国保守国家秘密法》（以下简称《保密法》）规定，涉及国家安全和利益的事项，泄露后可能损害国家在政治、经济、国防、外交等领域的安全和利益的，应当确定为国家秘密，主要包括国家事务重大决策中的秘密事项、国防建设和武装力量活动中的秘密事项、外交和外事活动中的秘密事项以及对外承担保密义务的秘密事项、国民经济和社会发展中的秘密事项、科学技术中的秘密事项、维护国家安全活动和追查刑事犯罪中的秘密事项、经国家保密行政管理部门确定的其他秘密事项。

国家科学技术秘密，是指科学技术规划、计划、项目及成果中，关系国家安全和利益，依照法定程序确定，在一定时间内只限一定范围的人员知悉的事项。关系国家安全和利益，泄露后可能造成下列后果之一的科学技术事项，应当确定为国家科学技术秘密：（1）削弱国家防御和治安能力；（2）降低国家科学技术国际竞争力；（3）制约国民经济和社会长远发展；（4）损害国家声誉、权益和对外关系。国家科学技术秘密及其密级的具体范围，由国家保密行政管理部门会同国家科学技术行政管理部门另行制定。

国家科学技术秘密的密级分为绝密、机密和秘密三级。国家科学技术秘密密级应当根据泄露后可能对国家安全和利益造成的损害程度确定。除泄露后会给国家安全和利益带来特别严重损害的外，科学技术原则上不确定为绝密级国家科学技术秘密。

第二节　科技保密工作概要

国家科学技术保密工作，是指围绕保障国家科学技术秘密安全、促进科学技术事业发展而开展的专门性工作。具体讲，国家科学技术保密工作，是维护国家秘密安全和利益，将国家科学技术秘密控制在一定范围和时间内，防止泄露或被非法利用，由机关、单位以及个人组织实施的活动。

科学技术保密工作具有非常重要的地位和作用。 科学技术是第一生产力，在很大程度上决定着国家的发展潜力和综合国力。科技保密工作的根本意义，就在于保护科学技术的领先性和独有性，增强科技竞争力。科学技术保密工作是党的保密事业的重要组成部分，在国家保密工作中具有独特地位。长期以来，国家间围绕科技秘密的保密与窃密斗争激烈，各国在强化对自身先进科技成果保护的同时，想方设法通过各种手段和途径获取别国的先进科学技术，以加大本国的发展潜力和核心竞争力。做好保密工作，对于保护国家科技安全、提高国家科技竞争力具有重要作用。尤其是进入新时代，我国科学技术创新发展迎来新的机遇期，加强科学技术保密工作，对于确保关键领域、重大项目和核心技术安全，为我国科技创新事业平稳发展保驾护航，顺利实现建设世界科技强国的战略目标，有着十分重要的作用。

我国科学技术保密工作面临着新形势、新挑战。 当前，国际形势瞬息万变，科技竞争日益激烈，科技创新日趋活跃。世界各国把发展科学技术作为捍卫国家利益、确保国家安全、促进经济发展、提高综合国力的关键。作为科技工作的重要组成部分，科技保密肩负着维护国家科学技术秘密安全的重要任务。保密工作是没有硝烟的战场，科技秘密历来是敌对势力和竞争对手窃取的重要目标。随着创新驱动发展战略的深入实施，我国经济实力不断增强，创新水平和科技实力大幅提升，科技支撑和引领经济社会发展的作用愈加突出，科技秘密的重要性更加显著，形势发展迫切要求进一步大力加强科技保密工作。

科技保密工作面临着日益复杂的工作环境。信息技术发展快速、涉密主体日趋多元、国际科技合作领域扩大、科技人员跨国界流动加速、科技创新和成果转化节奏加快、针对我国科技领域的窃密活动愈加频繁，保密与窃密斗争逐步成为高新技术攻防战，失泄密风险急剧加大。加强我国科技保密体系建设，提高我国科技保密能力，对于维护国家科技安全具有重要的战略意义。

为此，**科学技术保密工作的方针原则是**，坚持积极防范、突出重点、依法管理的方针，既保障国家科学技术秘密安全，又促进科学技术发展。科学技术保密工作应当遵循与科学技术管理工作相结合的原则，一起规划部署，一起检查落实，一起考核总结，实行全程管理。

开展科学技术保密工作的总体要求为，开展科学技术保密工作要实行责任制，健全科学技术保密管理制度，完善科学技术保密防护措施，开展科学技术保密宣传教育，加强科学技术保密检查。

按照国家保密法规，我国科学技术保密工作的管理体制是体系化的。国家科学技术行政管理部门管理全国的科学技术保密工作。国家科学技术行政管理部门设立国家科技保密办公室，负责国家科学技术保密管理的日常工作。省、自治区、直辖市科学技术行政管理部门管理本行政区域的科学技术保密工作。省、自治区、直辖市科学技术行政管理部门，应当设立或者指定专门机构管理科学技术保密工作。

中央国家机关在其职责范围内，管理或者指导本行业、本系统的科学技术保密工作。中央国家机关有关部门，应当设立或者指定专门机构管理科学技术保密工作。

国家保密行政管理部门依法对全国的科学技术保密工作进行指导、监督和检查。县级以上地方各级保密行政管理部门依法对本行政区域的科学技术保密工作进行指导、监督和检查。机关、单位管理本机关、本单位的科学技术保密工作。

第三节　科技发展与保密管理

科学技术的创新与发展，是支撑现代化经济体系的"筋骨"，关乎国家综合实力和国际竞争力。中国要强盛、要复兴，就一定要大力发展科学技术，努力成为世界主要科学中心和创新高地。科学技术发展在推进供给侧结构性改革、加快新旧动能转换、增强我国经济创新力和竞争力的过程中将发挥决定性作用。

在我国大力发展科学技术的大背景下，科学技术保密工作愈显重要。做好新时代的科学技术保密工作，能够有效应对科学技术发展面临的新形势、新挑战，为维护国家安全和利益提供重要保障。我国科学技术发展中涉及国家安全和利益的许多重要事项属于保密管理的范围，必须按照保密法律法规规定，切实加强保密管理。只有做好科学技术保密工作，才能既保证党和国家秘密的安全，又有利于科技强国战略的实施。

科学技术人员是以相应的科技工作为职业，实际从事系统性科学和技术知识的产生、发展、传播和应用活动的人员。具体可分为五类：（1）从事研究探索的科技人员；（2）从事开发创新的科技人员；（3）从事应用维护的科技人员；（4）从事传播普及的科技人员；（5）从事科技管理决策的科技人员。

所谓涉密科技人员（以下简称"涉密人员"），是指在涉密岗位（日常工作中产生、经营或经常接触、知悉国家秘密事项的岗位）上工作的人员（含借调、聘用、挂职人员）。

涉密人员分为三个涉密等级。根据涉密程度不同，将涉密科技人员分为核心涉密人员、重要涉密人员和一般涉密人员，实行分类管理。只接触绝密级或机密级国家秘密载体但不知悉内容的涉密人员，在确定涉密等级时，可以下调一级。

涉密科技岗位的涉密等级一般分两类。

一类是特定岗位，主要包括：（1）制作、复制、收发、传递、保管、维修和销毁国家秘密载体的岗位；（2）涉密信息系统有关建设、管理、运营维护等岗位；（3）承担涉密科研项目研究、管理任务的岗位；（4）从事国家秘密产品生产及其管理的岗位；（5）定密责任人岗位；（6）其他专门处理国家秘密的岗位。

另一类是量化岗位，日常工作中产生、经管或者经常接触、知悉绝密级国家秘密事项的岗位为核心涉密岗位；日常工作中产生、经管或者经常接触、知悉机密级国家秘密事项的岗位为重要涉密岗位；日常工作中产生、经管或者经常接触、知悉秘密级国家秘密事项的岗位为一般涉密岗位。所谓量化岗位，是指3项（件）以上绝密级国家秘密为核心涉密岗位；6项（件）机密级以上国家秘密为重要涉密岗位；9项（件）秘密级以上国家秘密为一般涉密岗位。

涉密人员应当具备一定的基本条件：具有中华人民共和国国籍；热爱祖国，遵纪守法；政治立场坚定，品行端正，忠诚可靠；具备涉密岗位要求的业务素质和能力。

涉密人员上岗有严格的程序。任用、聘用涉密科技人员，应当遵循"以岗定人、先审后用、定期复审"的原则。一是以岗定人。根据国家秘密事项、涉密数量、涉密程度、涉密时限、岗位性质等，逐一确定本机关、本单位的涉密岗位。在不同涉密岗位工作的人员分别确定为核心涉密人员、重要涉密人员和一般涉密人员。二是先审后用。对拟录用或调动到涉密岗位的人员，按照有关规定进行审查。要先审后用、严格把关，对其进行保密教育培训，与其签订保密承诺书后方可上岗。审查不通过的，不能到涉密岗位工作。三是定期复审。机关单位应根据涉密人员涉密等级的不同确定不同的复审期限，定期开展复审；必要时，可随时复审。

按照有关规定，涉密人员上岗前必须经过政审，**在进行涉密人员政审时应该主要包括**其国籍、政治立场、个人品行、学习经历、工作经历、现实表现、主要社会关系以及与国境外机构、组织、人员交往等情况。

涉密人员在承担涉密工作时，首先要签署涉密人员保密承诺书，在岗人员保密承诺书内容主要包括：认真遵守国家保密法律法规和规章制度，履行保密义务；不提供虚假个人信息，自愿接受保密审查；不违规记录、存储、复制国家秘密信息，不违规留存涉密载体；不以任何方式泄露所接触和知悉的国家秘密；未经单位审查批准，不擅自发表涉及未公开工作内容的文章、著述；离岗时，自愿接受脱密期管理，签订保密承诺书；违反上述承诺，自愿承担党纪、政纪责任和法律后果。

一旦开始从事涉密工作，涉密人员从事科学技术工作应当遵守一定的保密要求，主要包括：（1）严格执行国家科学技术保密法律法规以及本机关、本单位科学技术保密制度；（2）接受科学技术保密教育培训和监督检查；（3）产生涉密科学技术事项时，先行采取保密措施，按规定提请定密，并及时向本机关、本单位科学技术保密管理机构报告；（4）参加对外科学技术交流合作与涉外商务活动前向本机关、本单位科学技术保密管理机构报告；（5）发表论文、申请专利、参加学术交流等公开行为前按规定履行保密审查手续；（6）发现国家科学技术秘密正在泄露或者可能泄露时，立即采取补救措施，并向本机关、本单位科学技术保密管理机构报告；（7）离岗离职时，与机关、单位签订保密协议，接受脱密期保密管理，严格保守国家科学技术秘密。

科技人员日常保密工作中的禁止性行为，《科学技术保密规定》第四章第三十一条规定：机关、单位和个人应当加强国家科学技术秘密信息保密管理，存储、处理国家科学技术秘密信息应当符合国家保密规定。任何机关、单位和个人不得有下列行为：（1）非法获取、持有、复制、记录、存储国家科学技术秘密信息；（2）使用非涉密计算机、非涉密存储设备存储、处理国家科学技术秘密；（3）在互联网及其他公共信息网络或者未采取保密措施的有线和无线通信中传递国家科学技术秘密信息；（4）通过普通邮政、快递等无保密措施的渠道传递国家科学技术秘密信息；（5）在私人交往和通信中涉及国家科学技术秘密信息；（6）其他违反国家保密规定的行为。

涉密人员应当履行重大事项报告制度，涉密人员需要报告的重大事项主要有：发生泄密或者造成重大泄密隐患的；发现针对本人渗透、策反行为的；接受境外机构组织及非亲属人员资助的；与境外人员结婚的配偶子女获得境外永久居住资格或者取得外国国籍的；其他可能影响国家秘密安全的个人情况。

涉密人员离岗、离职要落实相应的脱密制度，涉密人员离岗、离职实行脱密期管理，机关、单位与涉密人员签订脱密期保密承诺书，明确未经本单位批准，涉密人员离岗、离职后不得从事任何与其知悉的国家科学技术秘密相关的工作，直至解密为止。离岗人员保密承诺书的内容主要包括：认真遵守国家保密法律、法规和规章制度，履行保密义务；不以任何方式泄露所接触和知悉的国家秘密；未经原单位审查批准，不擅自发表涉及原单位未公开工作内容的文章、著述；离岗时，全部清退不应由个人持有的各类涉密载体，自愿接受脱密期管理，自规定的脱密之日起至脱密期满之日止，服从原单位和有关部门的保密监管；违反上述承诺，自愿承担一切法律责任和后果。

关于涉密人员脱密期管理应严格落实相应规定，一般情况下，核心涉密人员为3~5年，重要涉密人员为1~2年，一般涉密人员为6个月至1年。对特殊情况的人员，可以依法设定超过上述期限的脱密期。涉密人员的脱密期自批准涉密人员离开涉密岗位之日起计算。涉密人员脱密期管理主要包括：明确脱密期限；与原机关、单位签订保密承诺书，做出继续履行保密义务、不泄露所知悉国家秘密的承诺；及时清退所持有和使用的全部涉密载体和涉密信息设备，并办理移交手续；未经审查批准，不得擅自出境；不得到境外驻华机构、组织或者外资企业工作；不得为境外组织人员或者外资企业提供劳务、咨询或者其他服务。涉密人员离岗（离开涉密工作岗位，未离开本机关本单位）的，脱密期管理由本机关、本单位负责。涉密人员离开原涉密单位，调入其他国家机关和涉密单位的，脱密期管理由调入单位负责；属于其他情况的，由原涉密单位、保密行政管理部门或者公安机关负责。

为确保涉密人员切身利益，涉密人员有相应的权益保障，如机关、单位应当建立健全涉密人员权益保障制度，保障涉密人员正当合法权益。对参与国家科学技术秘密研制的科技人员，有关机关、单位不得因其成果不宜公开发表、交流、推广而影响其评奖、表彰和职称评定。对确因保密原因不能在公开刊物上发表的论文，应当对论文的实际水平给予客观、公正评价。

第二章
把握定密源头管理

定密是保密工作的源头和基础。做好定密工作是维护国家秘密安全、促进政府信息公开的重要前提和保障手段。2014年，国务院公布《中华人民共和国保守国家秘密法实施条例》（以下简称《保密法实施条例》）。同年3月9日，国家保密局公布实施《国家秘密定密管理暂行规定》。各级各部门加快推进定密管理工作。

我国定密工作的依据是《保密法》《保密法实施条例》以及与之配套的《国家秘密定密管理暂行规定》和各行业领域保密事项范围。定密的基本原则是：坚持最小化、精准化，做到权责明确、依据充分、程序规范、及时准确，既确保国家秘密安全，又便利信息资源合理利用。在定密职责上实行定密责任人制度，机关、单位负责人及其指定的人员为定密责任人。国家秘密的确定应当依据保密事项范围进行，国家秘密一经确定，应当同时在国家秘密载体上做出国家秘密标志，国家秘密变更和解除应当按照国家秘密确定程序进行并予记录，实行定密责任监督，违反定密管理规定应负相应法律责任。

第一节　定密是保密工作的源头

《保密法》对国家秘密的定义、范围和密级确定等做出了明确规定。定密，是国家机关和涉及国家秘密的单位依法确定、变更和解除国家秘密的活动。

在保密工作中，定密是一项源头性工作。只有把国家秘密定准了，才能做到既保障国家秘密安全，维护广大人民群众的根本利益，又促进政府信息公开和信息资源合理利用，保障人民群众知情权、参与权和监督权。通过定密，才能确定哪些事项应当采取保密措施，应当采取哪一级别的保密措施。如，在载体管理方面，定密关系到载体保存、销毁方式的选择，接触人员的控制等；在涉密信息系统管理方面，定密关系到系统的定位、等级的划分、防护措施的采取设定等；在人员管理方面，定密关系到涉密人员界定和分类、择业限制、脱密期管理等。因此，定密工作是保密工作的源头。同时，科学、精准定密，及时、准确地变更和解密，是提高保密管理能力、降低保密成本的基础和前提，做好定密工作，有利于促进保密工作顺利开展和效率提升。

定密包括原始定密和派生定密。原始定密是指具有法定定密权限的单位对本单位原始产生的国家秘密事项定密的程序。《保密法》明确规定，机关、单位执行上级确定的国家秘密事项，需要定密的，根据所执行的国家秘密事项的密级确定。派生定密是指机关、单位在执行上级机关、单位确定的国家秘密或者办理其他机关、单位已定密事项时产生的国家秘密事项。如，上级机关或其他机关所产生的文件、资料已经标明了密级和保密期限，本级机关、单位在使用这些文件、资料时派生出新的文件、资料，且引用了原文件、资料涉密内容，即为派生的国家秘密。派生秘密必须按照原机关、单位所确定的密级和保密期限确定派生新载体的密级和保密期限。派生的国家秘密实际上是同一秘密的不同载体，其密级和保密期限要与原载体相一致。

申请定密要履行严格的程序。《国家秘密定密管理暂行规定》明确要求机关、单位对所产生的国家秘密事项有定密权的，应当依法确定密级、保密期限和知悉范围。没有定密权的，应当先行采取保密措施，并立即报请上级机关单位确定；没有上级机关、单位的，应当立即提请有相应定密权权限的业务主管部门或者保密行政管理部门确定。

国家科学技术秘密的定密授权要按照规范实施。《国家科学技术秘密定密管理办法》规定：中央国家机关、省级机关以及设区的市、自治州一级的机关（以下简称授权机关）可以根据工作需要做出定密授权。（1）中央国家机关可以在主管业务工作范围内做出授予绝密级、机密级和秘密级国家科学技术定密权的决定；（2）省级机关可以在主管业务工作范围内或者本行政区域内做出授予绝密级、机密级和秘密级国家科学技术秘密定密权的决定；（3）设区的市、自治州一级的机关可以在主管业务工作范围内或者本行政区域内做出授予机密级和秘密级国家科学技术秘密定密权的决定。定密授权不得超出授权机关的定密权限。被授权机关、单位不得再行授权。授权机关根据工作需要，可以在本机关定密权限内对承担涉密科研管理任务的机关、单位，就具体事项做出定密授权。除此之外，不得做出定密授权。

实施定密授权有明确的要求。授权机关做出定密授权要依据科学技术保密法律法规和相关工作秘密范围进行。根据科学技术保密事项范围的规定，应认真研判定密授权申请的机关、单位是否经常产生国家秘密事项，是否符合相应条件并做出是否授予以及授予何种秘密定密权的决定；保密事项范围没有明确规定的，授权机关要根据申请机关、单位过去3年内产生国家秘密事项的多少、密级等情况，依据保密法做出是否授予以及授予何种密级定密权的决定。

定密授权决定应当以书面形式做出，明确被授权机关、单位的名称和具体定密权限、事项范围、授权期限。被授权机关、单位不再承担授权范围内的涉密科研管理任务，授权机关应当及时撤销定密授权。因科学技术保密法律法规和科学技术秘密事项范围调整，授权事项密级发生变化，授权机关应当重新做出定密授权。

第二节　定密责任人是关键

《国家科学技术秘密定密管理办法》规定机关、单位负责人为本机关、本单位的定密责任人，对定密工作负总责。根据工作需要，机关、单位负责人可以指定本机关、本单位分管涉及国家科学技术秘密业务工作的负责人、产生国家科学技术秘密较多的内设机构负责人或者由于岗位职责需要的其他工作人员为定密责任人，并明确相应的定密权限。

定密责任人包括两类人员，即机关、单位负责人和负责人指定的人员。机关单位负责人一经任命，即为本机关单位法定的定密责任人，无须再履行确定程序。指定的定密责任人必须严格履行定密程序，一般先有机关单位涉密业务工作部门根据条件提出拟任人选，由机关、单位保密工作机构或者综合部门汇总研究后，提出人选意见，报本机关、单位法定定密责任人确定。

作为定密责任人的条件非常明确，《国家科学技术秘密定密管理办法》要求，定密责任人应当符合在涉密岗位工作的基本条件，接受定密培训，熟悉科学技术保密法律法规及定密规定，熟悉主管业务和相关行业工作科学技术秘密事项范围，以及国家科学技术秘密产生的部门、部位及工作环节，掌握定密程序和方法。

定密责任人是涉密人员，既要符合涉密人员的资格条件，又要符合定密责任人的任职条件：（1）具有中华人民共和国国籍；（2）热爱祖国，遵纪守法；（3）政治立场坚定，品行端正，忠诚可靠；（4）具备涉密岗位要求的业务素质和能力；（5）熟悉本机关、本单位业务工作及国家秘密产生的部门部位及工作环节；（6）接受定密培训，熟悉保密法律法规及定密规定；（7）熟悉本机关、本单位主管业务和相关行业工作的保密事项范围；（8）掌握定密程序和方法，具备做好定密工作的能力。

《国家科学技术秘密定密管理办法》明确规定，定密责任人的职责既包括按照保密事项范围确定国家秘密，也包括根据情况变化变更和解除国家秘密。

具体职责有：在定密权限范围内，审核批准本机关、本单位产生的以及无相应定密权限的机关、单位提请的国家科学技术秘密的名称、密级、保密期限、保密要点和知悉范围；同本机关、本单位确定的国家科学技术秘密持有单位（以下简称持密单位）签订保密责任书；对本机关、本单位确定的尚在保密期限内的国家科学技术秘密进行审核，做出是否变更或者解除的决定；对本机关、本单位产生的且无权定密的国家科学技术秘密事项，提请上级有相应定密权的机关、单位定密。

同时，《国家秘密定密管理暂行规定》也提出了定密承办人的概念。定密承办人，指根据机关、单位内部岗位职责分工，负责具体处理、办理涉及国家秘密事项的工作人员。承办人因岗位职责的关系，所办理的事项，如起草文件、办理文件或资料归档，往往涉及国家秘密事项。因此，定密的初始工作由承办人承担，承办人是整个定密流程中第一个环节工作的执行者。机关、单位定密责任人和承办人应当接受定密培训，熟悉定密职责和保密事项范围，掌握定密程序和方法。该法还规定机关、单位确定国家秘密，应当依照法定程序进行并做出书面记录，注明承办人、定密责任人和定密依据。

第三节　科技秘密的定密程序

《国家科学技术秘密定密管理办法》明确提出，**国家科学技术秘密定密应当坚持一定的原则**。机关、单位定密应当坚持专业化、最小化、精准化、动态化原则，做到权责明确、依据充分、程序规范、及时准确，既确保国家科学技术秘密安全，又促进科学技术发展。

"专业化"，是定密工作不偏、不乱的智力保障。国家军工保密资格认证委员会在制定保密认证新标准时，着重强调了定密工作小组应由科研、计划、保密等部门人员共同参与，保证了定密工作会成员的专业水平、保密管理能力、定密知识掌握程度等方面因素，能够为最小化、精准化等要求提供保证。

"最小化、精准化"，是指要严格按照保密事项范围的规定确定、变更和解除国家秘密，确保国家秘密密级精准、保密期限最短、知悉范围最小；防止不该定乱定、该低定的事项高定、一定终身等情况发生。需要注意的是，"最小化"不是"最少化"，属于国家秘密的事项必须定密，要避免因该定不定、定密不及时造成国家安全和利益受损的情况。

"动态化"，强调涉密载体的全生命周期动态管理和持续改进，各项保密制度、流程规定要长效执行，保密教育培训与人员管理要持之以恒，涉密信息系统的安全保密管理要持续有效。

"权责明确"，要求机关、单位要在法定的或授予的定密权限内开展工作，定密不得超出定密权限；二要依法履行职责，落实定密责任人制度，依法开展定密授权、定密监督等工作。

"依据充分"，要求机关、单位定密要有明确的法律依据，确定、变更和解除国家秘密要依照《保密法》和保密事项范围的规定进行；定密授权、定密检查、定密监督等工作要符合法律法规的要求。

"程序规范"，要求机关、单位要按照规定的程序和步骤定密，确定、变更和解除国家秘密的各个环节要符合法律法规规定的程序性要求。

"及时准确"，要求机关、单位定密，一要体现时效性，即必须在国家秘密事项产生的同时就启动定密程序，并充分考虑形势的变化和实际工作需要，及时变更或解除其原定的密级、保密期限、知悉范围；二要要素完整、标志准确，即确定国家秘密要同时确定其密级、保密期限和知悉范围，三个要素缺一不可，同时要准确、规范地做出国家秘密标志。

"确保国家秘密安全"，是要将国家秘密事项及时、准确、规范定密，防止定密不及时或该定不定，造成国家秘密泄露，给国家安全和利益造成损害。

"便利信息资源合理利用"，就是要充分遵循信息化条件下信息资源利用和管理的客观规律，根据客观形势的变化和实际需要，对国家秘密事项及时做出变更或解除的决定，促进信息资源合理利用。

国家科学技术秘密确定的程序非常严格。《国家科学技术秘密定密管理办法》明确要求确定国家科学技术秘密应当按照以下途径进行：机关、单位对所产生的国家科学技术秘密事项有定密权限的，应当依法确定名称、密级、保密期限、保密要点和知悉范围；机关、单位对所产生的国家科学技术秘密事项没有定密权限的，应当先行采取保密措施，并向有相应定密权限的上级机关、单位提请定密；没有上级机关、单位的，向有相应定密权限的业务主管部门提请定密；没有业务主管部门的，向所在省、自治区、直辖市科学技术行政管理部门提请定密；实行市场准入管理的技术或者产品涉及的科学技术事项需要确定为国家科学技术秘密的，向批准准入的国务院有关主管部门提请定密。

确定国家秘密的过程就是严格按照保密事项范围"对号入座"的过程。机关、单位应当在国家秘密产生的同时，由承办人依据有关保密事项范围拟定密级、保密期限和知悉范围，报定密责任人审核批准，并采取相应的保密措施，一般程序如下：

1.承办人提出定密意见。承办人对本机关、本单位产生的国家秘密事项，采用"对号入座"的方法，拟定密级、保密期限和知悉范围，并在国家秘密载体上做出国家秘密标志，呈报本机关、本单位定密责任人审核。对于"无号可对"的事项，机关、单位认为确实关系国家安全和利益的，按照不明确事项处理。

2.定密责任人进行审核。定密责任人对承办人拟定国家秘密事项的依据是否正确，所拟定国家秘密事项的密级、保密期限、知悉范围是否准确，所标注的国家秘密标志是否规范完整等情况进行审核。同意拟定意见的，签字认可；不同意的，直接予以纠正或者退回承办人重新办理；决定不定密的，明确提出不予定密的意见。

3.做出书面记录。在国家秘密确定过程中形成的定密依据、承办人意见、定密责任人审核意见等工作情况应当做出文字记载，并存档备查。机关、单位可以将定密纳入公文批办过程，一并做出记录；也可以制作专门的《国家秘密确定审批表》，记录定密工作流程。

确定国家科学技术秘密的密级应当依据严格的标准。国家科学技术秘密密级应当根据泄露后可能对国家安全和利益造成的损害程度确定。除泄露后会给国家安全和利益带来特别严重损害的外，科学技术原则上不确定为绝密级国家科学技术秘密。《国家科学技术秘密定密管理办法》规定，国家科学技术秘密的密级应当根据与国家安全和利益的关联程度确定为绝密、机密或者秘密。

密级，是指按照国家秘密事项与国家安全和利益的关联程度，以泄露后可能造成的损害程度为标准，对国家秘密做出的等级划分。密级分为绝密、机密、秘密三级。绝密级国家秘密是最重要的国家秘密，泄露会使国家安全和利益遭受特别严重的损害；机密级国家秘密是重要的国家秘密，泄露会使国家安全和利益遭受严重的损害；秘密级国家秘密是一般的国家秘密，泄露会使国家安全和利益遭受损害。

确定国家秘密的密级，一要严格遵守定密权限，二要严格按照保密事项范围，三要根据国家秘密事项的特征，全面、具体地分析其性质、时间、空间、数量等各种因素，综合判定国家秘密事项一旦泄露给国家安全和利益所造成的损害程度，并根据判定结果最终确定国家秘密事项的密级。

国家科学技术秘密定密涉及的保密要点应当包括：暂时不宜公开的国家科学技术发展战略、方针、政策、措施、规划、计划、方案和指南等；涉密项目研制目标、路线、过程，关键技术原理、诀窍、参数、成分、工艺，设计图纸、试验记录、制造说明、样品模型，专用软件、设备、装置、设施、实验室，情报来源和科研经费预算等；敏感领域资源、物种、物品、数据和信息等；民用技术应用于国防、军事、国家安全和治安等；国家间有特别约定的国际科学技术合作等。

初始定密是做好科学技术工作保密管理的关键，是源头。《科学技术保密规定》指出，关系国家安全和利益，泄露后可能造成下列后果之一的科学技术事项，应当确定为国家科学技术秘密：削弱国家防御和治安能力；降低国家科学技术国际竞争力；制约国民经济和社会长远发展；损害国家声誉、权益和对外关系。国家科学技术秘密及其密级的具体范围，由国家保密行政管理部门会同国家科学技术行政管理部门另行制定。《国家科学技术秘密定密管理办法》要求机关、单位应当依法开展定密工作，建立健全相关管理制度，定期组织培训和检查，接受科学技术行政管理部门和上级机关，单位或者业务主管部门的指导和监督。机关、单位确定国家科学技术秘密应当依据科学技术秘密事项范围进行。科学技术秘密事项范围没有明确规定但属于《科学技术保密规定》第九条规定情形的，应当确定为国家科学技术秘密。

做好科技工作中的初始定密，要修订完善《科学技术保密规定》等相关规定，清晰界定科技保密范围和等级。根据新保密法，组织修订科技保密相关规定，编制敏感技术指导目录，分类制定学科保密规定，清晰界定科技保密范围和等级，指导定密工作。加强对外科技交流和合作的保密管理，严格国家秘密技术出口审查，维护国家利益和安全。例如，农业部相关司局最近组织修订了《农业科学技术保密规定》，明确了农业科技秘密的范围和密级、密级的确定、变更及其解密、保密管理等内容。

做好科技工作中的初始定密，要树立"以人为本、分层管理"的理念，增强定密责任人的责任意识和定密水平。根据科技秘密的分布情况和科技管理的体系特点，实现国家、省市（自治区）和部委（局）、秘密技术持有单位三级分层管理模式；加强对定密责任主体、定密责任人和涉密人员的管理，增设定密工作责任制、实行定密专业资质管理。

同时，《科学技术保密规定》指出，有下列情形之一的科学技术事项，不得确定为国家科学技术秘密：国内外已经公开；难以采取有效措施控制知悉范围；无国际竞争力且不涉及国家防御和治安能力；已经流传或者受自然条件制约的传统工艺。

综合运用好保密事项范围是规范定密的关键。《国家科学技术秘密定密管理办法》规定机关、单位确定国家科学技术秘密应当依据科学技术秘密事项范围进行。科学技术秘密事项范围没有明确规定但属于《科学技术保密规定》第九条规定情形的，应当确定为国家科学技术秘密。

首先，机关单位在定密过程中，主要依据本行业、本领域保密事项范围。同时，对可能产生的其他工作方面的国家秘密事项，如组织、人事、纪检监察等相关工作中的国家秘密，也需要对照相关领域保密事项范围进行定密，不能仅局限于在本行业、本领域保密事项范围中"对号入座"。其次，除文稿定密以外，机关单位在涉密岗位确定、保密要害部门部位确定、涉密信息系统分级、涉密工程确定、涉密会议活动确定、信息公开与对外提供资料保密审查等工作中，也要依据相关保密事项范围的规定进行。例如，在涉密岗位确定中，经常产生国家秘密事项的机关单位，应当根据保密事项范围的规定，将经常产生绝密级国家秘密事项的岗位确定为绝密级岗位，并将在绝密级岗位工作的人员确定为核心涉密人员。

《国家科学技术秘密定密管理办法》对定密责任人的职责和国家科学技术秘密的确定、变更和解除做出了相关规定。定密责任人的职责包括：在定密权限范围内，审核批准本机关、本单位产生的以及无相应定密权限的机关、单位提请的国家科学技术秘密的名称、密级、保密期限、保密要点和知悉范围；同本机关、本单位确定的国家科学技术秘密持有单位（以下简称"持密单位"）签订保密责任书；对本机关，本单位确定的尚在保密期限内的国家科学技术秘密进行审核，做出是否变更或者解除的决定；对本机关，本单位产生的且无权定密的国家科学技术秘密事项，提请上级有相应定密权的机关、单位定密。在国家科学技术秘密的确定、变更和解除方面，机关、单位确定国家科学技术秘密应当依据科学技术秘密事项范围进行。科学技术秘密事项范围没有明确规定但属于《科学技术保密规定》第九条规定情形的，应当确定为国家科学技术秘密。

精准定密应当把握一些重点环节，主要包括以下几个方面。

第一，细分定密责任。当前虽然建立了定密责任人制度，也发挥出了重要作用，但整个定密工作的责任体系划分还不够精细，还应在此基础上继续细分不同层级的定密责任。

第一层责任除"一把手"承担起法定定密责任人职责，指导督促科学定密外，定密小组还应履行好具体领导责任，一是科学严谨地核定《定密细目》，站在单位全局的角度对《定密细目》进行比对甄别、审核把关，绝不能只是起到汇总报批的"二传手"作用，而是应真正履行定密抓总的责任；二是应对所有不确定事项进行严格审核以确定密级，并及时充实到《定密细目》中去；三是组织开展定密研讨培训活动，增强全员科学精准定密意识和能力。第二层责任是强化授权定密责任人作为定密直接责任人的职责，这一层级的履责特点是承上启下，是关键中的关键。一是要利用作为部门负责人熟悉掌握本部门业务领域事项的优势，科学合理地梳理涉密事项，为科学制定《定密细目》提供支撑；二是应善于诊断疑难杂症，对不确定事项提出清晰明了的定密思路和判别依据，发挥"灭火队长"作用。第三层责任也是当前比较薄弱的，就是应将定密责任深入到科研工作的最基础"细胞"，即每一个涉密人员都是"定密责任人"，负责对自己承担的业务工作科学化的初始定密责任，对日常事项定密应做到依据详实、逻辑通顺、理由充分，不能对应《定密细目》的必须说明理由并提交定密申请，否则"拍脑门"式的无依据定密应首先承担定密不准的责任，这一点与承办人的事务办理角色有较大区别。不同角色各司其责，这样就基本形成了由下至上、上而下三层定密责任体系，各责任层级人员各司其职、各尽其责，相互监督，共同承担起、履行好科学、精准定密的责任。

第二，精确梳理密点。根据国家秘密定义，依据定密事项是否涉及国家安全和利益进行密点梳理，这是定密的核心关键环节。但是，在具体操作过程中，什么事项符合这一要素，尺度并不清晰，界限并不分明，所以也是难度相对较大的环节，特别是越具体越细的内容，越难判断，这就需要以认真负责、慎之又慎的态度精确梳理密点。

第三，完善《定密细目》。《定密细目》是定密工作中一个十分关键的指导性标准，是定密的直接依据，《定密细目》编写规范不规范、到位不到位，直接影响着定密的科学性和精准度。随着科研专业细分程度越来越深、越来越细，《定密细目》也应及时向精细方向动态调整，越细越准确、越细越实用。特别是每经定密小组讨论的不确定事项得出结论后，都应及时充实到《定密细目》中去，作为定密依据。

同时，国家秘密的信息承载形式虽多种多样，但门类比较清晰，大致有密品设备、音画视图、文字资料三大门类，其中又可细分，这就为《定密细目》提供了框架。以文字资料为例，一般情况下以文种分类，如工作总结报告、项目研制计划书、会议纪要等，《定密细目》应从事项内容密点与文种门类双向组合编制，如科研管理部门的年度工作总结，涉及涉密项目密点，内容具体详细，一般情况下肯定会涉密；而会议通知，不涉及项目密点，只是通知会议时间、地点等，一般情况下不涉密。当然在考虑门类的同时，还要考虑内容。应准确把握双向交叉点，统筹精细，持续完善《定密细目》，才能为科学、精准定密打造出务实管用的标准。

第四，严格审核把关。这是科学、精准定密必不可少的环节，无论哪一层审核，都应以有没有定密依据、是否涉及国家安全和利益这些核心要素作为尺度，这是审核效能的关键。实际操作中，定密过程本身就应是一个层层审核的过程。承办人必须把好自我审核关，看自己提出的初始定密意见是否严格对应了《定密细目》，定密事项是否从逻辑上符合国家秘密核心要素要求。定密责任人审核定密依据是否翔实、理由是否充分。定密小组审核《定密细目》是否科学合理、精细务实、好用管用，三层定密责任方都切实负起责任，严格把关，科学、精准定密就有了充足的保障。

第五，追本溯源问责。定密不准、过高或过低都不利于后期保密管理，定密过低失泄密风险极大，危害也极大，必须严肃追责，这毋庸置疑，一般在失泄密或违规处理中都能得到体现。但定密过高却少有问责的，有的时候甚至被当作"高度负责的态度"一笔带过，这是保密管理中极不严肃的现象，也是造成定密随意性的一个重要诱因。殊不知定密过高，不仅浪费管理资源，关键是淡化削弱了定密工作的权威性，让国家秘密的严肃性大打折扣。这种危害不应小觑，所以也应被视为不负责任的违规项被问责，而且应作为明确的问责条文写入奖惩制度规定，严格执行。

国家科学技术秘密定密中拿不准和有争议的事项，《中华人民共和国保守国家秘密法》规定，机关、单位对是否属于国家秘密或者属于何种密级不明确或者有争议的，由国家保密行政管理部门或者省、自治区、直辖市保密行政管理部门确定。

不明确事项，即"无号可对"的事项，是指机关、单位根据保密法相关规定，认为所产生的事项具备国家秘密构成要素，泄露后会损害国家安全和利益，但在相关保密事项范围中，没有对其是否属于国家秘密及属于何种密级作出明确规定的情形。不明确事项应当按照下列程序办理：

第一，机关、单位对符合保密法的规定，但保密事项范围没有规定的不明确事项，应当先行拟定密级、保密期限和知悉范围，采取相应的保密措施，并自拟定之日起10个工作日内报有关部门确定。拟定为绝密级的事项和中央国家机关拟定的机密级、秘密级的事项，报国家保密行政管理部门确定；其他机关、单位拟定的机密级、秘密级的事项，报省、自治区、直辖市保密行政管理部门确定。

第二，保密行政管理部门接到报告后，应当在10个工作日内做出决定。省、自治区、直辖市保密行政管理部门还应当将所做决定及时报国家保密行政管理部门备案。

有争议事项，是指机关、单位对已定密事项是否属于国家秘密或者属于何种密级有不同意见，向原定密机关、单位提出异议后，原定密机关、单位未予处理或者对原定密机关、单位做出的决定仍有异议的情形。根据实施条例，有争议事项应当按照下列程序办理。

第一，由承办人按争议中所主张的最高密级和最长保密期限提出定密意见，经定密责任人审核并报机关、单位负责人批准后，逐级报至有相应密级确定权的保密行政管理部门确定。其中，确定为绝密级的事项和中央国家机关确定的机密级、秘密级的事项，报国家保密行政管理部门确定。其他机关、单位确定的机密级、秘密级的事项，报省、自治区、直辖市保密行政管理部门确定。若国家秘密产生在地方，但属于中央国家机关直属单位或者具有特殊保密要求的，有关机关、单位应直接报请主管中央国家机关审核，再由审核机关报请国家保密行政管理部门确定。

第二，接到申请的保密行政管理部门应当尽快做出决定，并通知相关机关、单位执行。《保密法实施条例》没有对保密行政管理部门处理有争议事项规定时间限制，参照不明确事项处理程序，保密行政管理部门应当在接到报告后的10个工作日内做出决定，以便于机关、单位做好保密工作。有关机关、单位对省、自治区、直辖市保密行政管理部门做出的决定仍有异议的，可以向国家保密行政管理部门申请复核。在原定密机关、单位做出处理或者保密行政管理部门做出决定前，对有关事项应当按照主张密级中的最高密级采取相应的保密措施。

对于国家科学技术秘密的知悉范围、保密期限，《保密法》规定，国家秘密的知悉范围，应当根据工作需要限定在最小范围。国家秘密的知悉范围能够限定到具体人员的，限定到具体人员；不能限定到具体人员的，限定到机关、单位，由机关、单位限定到具体人员。机关、单位应当对照相关保密事项范围的规定，确定国家秘密的保密期限。保密事项范围对保密期限有明确规定的，依照规定执行；没有规定具体保密期限的，可以根据工作需要，在《保密法》规定的保密期限内确定。保密事项范围规定的保密期限一般是指最长期限。国家秘密知悉范围的确定，应当把握两个基本原则。一是工作需要原则。确定国家秘密知悉范围，首先应当根据工作需要确定，不应简单地把知悉国家秘密视作一种政治待遇，或者把行政级别作为确定国家秘密知悉范围的依据。将工作需要作为知悉国家秘密的前提条件，也是国际通行做法。二是最小化原则。定密机关、单位应当把知悉范围尽可能限定到具体人员，无法限定到具体人员的，应当限定到具体的知悉机关、单位。

国家秘密的保密期限，应当根据事项的性质和特点，按照维护国家安全和利益的需要，限定在必要的期限内；不能确定期限的，应当确定解密的条件。《科学技术保密规定》进一步细化了保密期限的要求，国家秘密具体的保密期限一般应当以日、月或者年计；不能确定具体的保密期限的，应当确定解密时间或者解密条件。国家秘密的解密条件应当明确、具体、合法。除保密事项范围有明确规定外，国家秘密的保密期限不得确定为长期。《国家科学技术秘密定密管理办法》规定，确定国家科学技术秘密，应当同时确定其名称、密级、保密期限、保密要点和知悉范围。国家科学技术秘密的保密期限可以是应当保密的时间段，也可以是明确的解密时间；不能确定具体保密期限的，应当确定明确、具体、合法的解密条件。国家科学技术秘密的保密期限，绝密级不超过30年，机密级不超过20年，秘密级不超过10年。国家科学技术秘密的知悉范围包括允许知悉国家科学技术秘密名称、密级、保密期限和保密要点的机关、单位或者相关工作人员。一般情况下，知悉范围不应当包括境外组织、机构、人员，境外驻华组织、机构或者外资企业等。

关于国家秘密知悉范围之外的人员，因工作需要确需知悉国家秘密的，应当经过机关、单位负责人批准。机关、单位负责人的批准权限，仅限于对本机关、本单位人员，而且要以工作需要为前提。对于原定密机关、单位明确要求不得扩大知悉范围的，知悉范围需要扩大时，应当征得原定密机关、单位同意。原定密机关、单位扩大知悉范围有明确规定的，应当遵守其规定。扩大国家秘密知悉范围应当作出详细记录。

国家科学技术秘密标志应明确标注。《中华人民共和国保守国家秘密法》规定，机关、单位对承载国家秘密的纸介质、光介质、电磁介质等载体（以下简称国家秘密载体）以及属于国家秘密的设备、产品，应当标注国家秘密标志。不属于国家秘密的，不应当标注国家秘密标志。《中华人民共和国保守国家秘密法实施条例》进一步规定，国家秘密载体以及属于国家秘密的设备、产品的明显部位应当标注国家秘密标志。国家秘密标志应当标注密级和保密期限。国家秘密的密级和保密期限发生变更的，应当及时对原国家秘密标志做出变更。无法标注国家秘密标志的，确定该国家秘密的机关、单位应当书面通知知悉范围内的机关、单位和人员。《国家秘密定密管理暂行规定》规定，国家秘密一经确定，应当同时在国家秘密载体上标注国家秘密标志。该规定进一步明确了国家秘密标志的形式为"密级★保密期限""密级★解密时间"或者"密级★解密条件"。在纸介质和电子文件国家秘密载体上标注国家秘密标志的，应当符合有关国家标准。没有国家标准的，应当标注在封面左上角或者标题下方的显著位置。光介质、电磁介质等国家秘密载体和属于国家秘密的设备、产品的国家秘密标志，应当标注在壳体及封面、外包装的显著位置。国家秘密标志应当与载体不可分离，明显并易于识别。无法标注或者不宜标注国家秘密标志的，确定该国家秘密的机关、单位应当书面通知知悉范围内的机关、单位或者人员。凡未标明保密期限或者解密条件且未作书面通知的国家秘密事项，其保密期限按照绝密级事项30年、机密级事项20年、秘密级事项10年执行。

科技秘密标志的标注需要注意以下方面：

第一，标注的时间。国家秘密标志的标注应当与国家秘密的确定同时进行。承办人在依据保密事项范围拟定密级、保密期限和知悉范围时，即应在有关载体上标注国家秘密标志。

第二，标注的内容包括密级和保密期限。机关、单位对其制作的国家秘密载体必须标注密级、保密期限，这是法定的强制性规定。

第三，标注形式应当符合国家有关标准。从实际情况看，国家秘密经常以公文、电子文本等形式出现，因此，标注国家秘密还应当符合《党政机关公文处理工作条例》及有关国家标准要求。按照《党政机关公文格式》国家标准（GB/T9704—2012），标注密级和保密期限，一般用3号黑体字，顶格编排在版心左上角第二行；保密期限中的数字用阿拉伯数字标注。

第四，国家秘密标志应当与载体不可分离，明显并易于识别。国家秘密标志应当标注于国家秘密载体的明显部位，能够清楚地提醒该信息为保密信息，警示对此信息的接触、控制或者保护有特别要求。

第五，不能或者不宜对国家秘密载体进行物理标注的情况下，产生国家秘密的机关、单位应当作出文字记载，并以书面通知的方式，告知知悉范围内的机关、单位或者人员，使其对国家秘密采取相应的保密措施。

国家科学技术秘密的变更、解除有明确规定。《科学技术保密规定》对科技秘密的变更作出了规定，国家科学技术秘密有下列情形的，应当及时变更密级、保密期限或者知悉范围：定密时所依据的法律法规或者国家科学技术保密事项范围已经发生变化的；泄露后对国家安全和利益的损害程度会发生明显变化的。国家科学技术秘密的变更，由原定密机关、单位决定，也可由其上级机关、单位决定。该法也对科技秘密的解除作出了规定，国家科学技术秘密的具体保密期限届满、解密时间已到或者符合解密条件的，自行解密。出现下列情形之一时，应当提前解密：已经扩散且无法采取补救措施的；法律法规或者国家科学技术保密事项范围调整后，不再属于国家科学技术秘密的；公开后不会损害国家安全和利益的。提前解密由原定密机关、单位决定，也可由其上级机关、单位决定。

对需在保密期限内解密的国家科学技术秘密事项，有关单位和个人可以提出解密建议。秘密级的报省、自治区、直辖市的科技主管部门或者中央国家机关各部门的科技主管机构审定；机密级、绝密级的报国家科委审定。审定结果应当在接到报告后的30日内通知有关单位和个人。

《保密法实施条例》对定密责任人的职责作出了具体规定，定密责任人在职责范围内承担有关国家秘密确定、变更和解除工作。具体职责是：审核批准本机关、本单位产生的国家秘密的密级、保密期限和知悉范围；对本机单位产生的尚在保密期限内的国家秘密进行审核，做出是否变更或者解除的决定；对是否属于国家秘密和属于何种密级不明确的事项先行拟定密级，并按照规定的程序报保密行政管理部门确定。

《保密法实施条例》表明，定密责任人的职责包括确定、变更和解除国家秘密。不同的定密责任人，职责权限有所不同，法定定密责任人对本机关、本单位定密工作总负责，其定密权限与本机关、本单位的定密权限一致。指定定密责任人则在被授予的定密权限内，开展定密工作。指定定密责任人在指定范围内具有完全的定密权，在职责范围内确定、变更和解除国家秘密，具有法律效力，在一般情况下，可以不报请法定定密责任人批准。根据实施条例规定，定密责任人职责包括以下三个方面：对承办人拟定的国家秘密密级、保密期限和知悉范围进行审核批准；对尚在保密期限内的国家秘密进行审核，做出是否变更或者解除的决定；对是否属于国家秘密和属于何种密级不明确的事项，先行拟定密级，采取保密措施，并按照规定程序，及时报请相应的保密行政管理部门确定。

此外，定密责任人还应当承担与定密工作相关的其他工作任务，主要包括：对承办人拟定密级的工作进行业务指导或者根据本机关、本单位工作安排组织定密业务培训；对本机关、本单位无权定密的事项，按照申请定密的程序，报请有相应定密权的机关、单位或保密行政管理部门确定；对拟公开发布的信息进行保密审查；受理并答复有关方面提出的定密异议；就保密事项范围的制定修订或加强和改进定密管理工作，向有关机关提出建议等。

对于国家科学技术秘密的备案，《国家科学技术秘密定密管理办法》要求变更和撤销定密授权的决定应当报科学技术行政管理部门备案。中央国家机关应当在做出决定的同时，报国家科学技术行政管理部门备案；省级机关，设区的市，自治州一级的机关应当在做出决定的同时，报省、自治区、直辖市科学技术行政管理部门备案。机关、单位确定和调整定密责任人，应当及时报同级政府科学技术行政管理部门备案。机关、单位确定、变更和提前解除国家科学技术秘密应当进行备案：省、自治区、直辖市科学技术行政管理部门和中央国家机关有关部门每年12月31日前将本行政区域或者本部门当年确定、变更和解除的国家科学技术秘密情况报国家科学技术行政管理部门备案；其他机关、单位确定、变更和解除的国家科学技术秘密，应当在确定、变更、解除后20个工作日内报同级政府科学技术行政管理部门备案。

工作中应明确国家秘密与工作秘密、商业秘密的关系。《中华人民共和国保守国家秘密法》规定，国家秘密是关系国家安全和利益，依照法定程序确定，在一定时间内只限一定范围的人员知悉的事项。国家秘密的密级分为绝密、机密、秘密三级。国家秘密及其密级的具体范围，由国家保密行政管理部门分别会同外交、公安、国家安全和其他中央有关机关规定。军事方面的国家秘密及其密级的具体范围，由中央军事委员会规定。机关、单位对所产生的国家秘密事项，应当按照国家秘密及其密级的具体范围的规定确定密级，同时确定保密期限和知悉范围。工作秘密的概念最早在《国家公务员暂行条例》中提出，工作秘密是指除国家秘密以外的，在公务活动中不得公开扩散的事项。一旦泄露会给本机关、单位的工作带来被动和损害的事项。《中华人民共和国反不正当竞争法》提出，商业秘密，是指不为公众所知悉、具有商业价值并经权利人采取相应保密措施的技术信息和经营信息。

1.国家秘密与工作秘密的关系。工作秘密是指除国家秘密以外的、在国家机关公务活动中不宜公开、一旦泄露会给本机关正常行使管理职能带来被动和损害的信息或事项。国家秘密与工作秘密是有严格区别的。比如，前者必须依照法定程序来确定，严格遵守保密法律法规的规定，后者由国家机关根据公务活动的需要自行确定；前者具有不同等级和专属密级标志，后者往往没有等级划分，也没有法定的专属标志。

2.国家秘密与商业秘密的关系。国家科学技术秘密与商业秘密的区别表现在：一是权利主体不同。国家科学技术秘密的权利主体是国家，保守国家科学技术秘密是一种公权利；而商业秘密的权利主体是法人、公民或其他组织，保护商业秘密属于私权利。二是确认程序不同。国家科学技术秘密的密级确定、变更及其解密，以及保密期限、保密要点和知悉范围的确定，依照保密法律法规规定的程序办理；而商业秘密则由掌控其的组织或个人自行确定。三是泄露后的法律后果不同。国家科学技术秘密一旦泄露，危害的是国家安全和利益，其损害程度和涉及范围较大；而商业秘密泄露后，一般只会对权利人造成损害，其损害程度有限。

3.国家秘密与商业秘密的转化。国家秘密与商业秘密在一定条件下可以互相转化。国家秘密中涉及科技和经济发展等的事项，随着时间的推移，对国家安全和利益的影响可能会明显减弱，不再具有国家秘密特性，因而予以解密。但对于实际产生或使用该秘密的企业来说，该秘密事项可能对维护其经济利益、保持其竞争优势仍具重要价值，此时，企业就可以在国家秘密解密后将其转化为商业秘密。反之，企业的商业秘密如果与国家安全和利益有重大关系，具备了国家秘密的基本属性，应当依照法定程序确定为国家秘密。

第三章
规范涉密项目实施

第一节 涉密项目的确定

首先要科学确定涉密项目。关于涉密与非涉密科研项目的区别，《科学技术保密规定》指出，关系国家安全和利益，泄露后可能造成下列后果之一的科学技术事项，应当确定为国家科学技术秘密：削弱国家防御和治安能力；降低国家科学技术国际竞争力；制约国民经济和社会长远发展；损害国家声誉、权益和对外关系。

因此，涉密与非涉密科研项目的本质区别是，是否关系国家安全和利益。涉密科研项目必须作为科技保密的重点，应全力以赴做好这些重点项目的科技保密管理工作，要立项时就将其纳入科技保密管理的范围，从源头把住重点项目的科技保密第一关，各个环节需要按照国家技术秘密的要求进行严格的保密管理。此外，涉密科研项目在项目管理经费中按一定比例留有保密经费。

项目前期策划准备就应加强保密管理。《科学技术保密规定》要求机关、单位在科学技术管理的编制科学技术规划、制定科学技术计划等环节，应当及时做好定密工作。该法规还要求，涉密科学技术项目下达单位与承担单位、承担单位与项目负责人、项目负责人与参研人员之间应当签订保密责任书；涉密科学技术项目的文件、资料及其他载体应当指定专人负责管理并建立台账。《国家科学技术秘密定密管理办法》规定，机关、单位应当依法开展定密工作，确定国家科学技术秘密，应当同时确定其名称、密级、保密期限、保密要点和知悉范围。国家科学技术秘密的保密要点包括涉密项目研制目标、路线、过程等。

根据相关法律法规要求，在项目前期策划准备阶段要从以下两方面加强保密管理。

做好项目的初始定密。对于策划准备阶段的项目，由于没有在单位立项，应按照上级机关确定的密级，明确项目密级，提前做好保密措施。根据工作需要，确定知悉范围，选择具有相应保密条件的承担单位，与项目承担单位签订保密协议，对论证或竞标团队人员提出明确的保密要求。

　　做好过程文件的管理。由于项目前期策划过程中会产生大量论证上报材料等过程文件，因此应对项目产生的电子文档、涉密载体等按要求采取相应的保密措施，做好文件定密和过程文件的清理闭环工作，并对涉密会议等活动实施进行有效管理。

　　项目管理部门在发布涉密科研项目指南方面也有相应的保密要求。《科学技术保密规定》要求涉密科学技术项目在指南发布环节应当建立保密制度。《国家科学技术秘密定密管理办法》规定，国家科学技术秘密的保密要点包括涉密项目研制目标、路线、过程等。《军工科研项目指南公开发布规程》明确了涉密项目指南发布内容、发布渠道和发布程序等内容，其中，涉密渠道包括政务信息专网、纸质公文等方式，发布程序遵循指南编制、保密审查、办理审批、对外发布的流程。

　　因此，在发布涉密科研项目指南时应建立保密制度，找准涉密项目的密点，明确涉密项目指南的密级、保密期限和知悉范围，按照规定的渠道和流程进行发布。

　　项目拟参与单位在涉密科研项目申报环节也要加强保密管理，《科学技术保密规定》要求涉密科学技术项目在项目申报环节应当建立保密制度。涉密科研项目申报环节应同步进行项目定密申报审批，填写《科研项目初定密级申报表》，该表主要包括以下几项内容：科研项目名称、申请时间、建议密级、建议保密期限、保密要点、对外开放范围、涉密人员范围、保密措施、技术和法律依据、各部门意见等，连同项目申请书一并报科技主管部门批准。在申报项目密级时，项目申报部门应对项目的子项目或分系统进行分解，同时申报子项目或分系统的密级。项目密级审批后，项目令号管理部门在发文下达项目工作令号的同时公布该项目及其子项目的密级。

　　同样，在涉密科研项目评审环节要落实相应的保密要求，《科学技术保密规定》要求涉密科学技术项目在专家评审环节应当建立保密制度。项目评审中要有一名保密行政管理部门的专家参与。评审过程中，要充分发挥评审专家在涉密科研项目中的评审监督作用，确保涉密科研项目中有关国家秘密的安全。项目评审组织部门应按要求选择评审人员，应明确保密要求和进行保密提醒，普通人员不得参加涉密项目的评审。参加评审的人员应签订保密承诺书，评审使用的涉密资料，应指定专人负责管理，上级机关需要相关评审涉密资料的应按外发流程进行审批，并通过机要传递。

经过评审后，在涉密科研项目立项批复阶段，《科学技术保密规定》要求涉密科学技术项目在立项批复环节应当建立保密制度。批复文件是对《项目可行性研究报告》的审批，因此，涉密科研项目的《项目可行性研究报告》要有密级标识，并采取相应的保密措施。

第二节　涉密项目实施前的保密工作要点

涉密项目实施前要制定保密方案。《科学技术保密规定》要求涉密科学技术项目在立项实施环节应当建立保密制度；涉密科学技术项目下达单位与承担单位、承担单位与项目负责人、项目负责人与参研人员之间应当签订保密责任书。

因此，在项目实施前就应注意对该项目的有关规划、计划性资料进行保密并按秘密的级别由专人负责管理。应与涉密人员签订保密协议，明确协议双方对保密项目所承担的义务和责任。还应制定相应规定，约束、规范涉密人员辞职、调离等行为。

建立涉密科研项目责任制是找好项目保密管理的关键。《科学技术保密规定》规定机关、单位应当实行科学技术保密工作责任制，健全科学技术保密管理制度，完善科学技术保密防护措施，开展科学技术保密宣传教育，加强科学技术保密检查。

保密责任的准确界定是保密工作有效开展的基础性前提，建立涉密科研项目责任制应从人员职责和部门职责两个方面着手，并制定项目保密监督检查及考核措施。

人员责任方面，着眼岗位，规范行为。根据涉密岗位，准确界定责任主体，明确各级领导和项目组成人员的保密工作责任，细化涉密项目各环节的保密管理要求，自上而下逐级签订保密责任书，狠抓责任落实，严格奖惩，将责任制落实并融入涉密人员的日常工作中，约束员工的保密行为。

部门责任方面，明确分工，强化主体。项目参研单位在申报项目立项时，应自上而下逐级明确各级部门的保密职责，将保密管理职责以分工表的形式细化为领导职责、归口管理职责及参与实施职责，明确各部门保密责任名称和具体内容，并将职责纳入单位与各部门签订的责任书和军令状中，克服业务工作与保密工作"双轨制""两张皮"现象。

有效的监督检查是促进责任落实的重要手段，保密管理部门及业务主管、实施部门应经常性地对涉密部门及个人履行职责情况进行监督和考核。保密检查要覆盖各级领导、各部门和各涉密人员，进行全面彻底的拉网式监督检查，及时发现问题、解决问题，并将检查和整改结果与考核奖惩挂钩，推进保密责任落实，形成各司其职、各尽其责、领导作为、全员参与、持续改进的工作格局。

第三节　涉密项目实施人员核心要务

首先，参与涉密科研项目实施人员应具备一定条件。《中华人民共和国保守国家秘密法》规定在涉密岗位工作的人员（以下简称"涉密人员"），按照涉密程度分为核心涉密人员、重要涉密人员和一般涉密人员，实行分类管理。涉密人员应当具有良好的政治素质和品行，具有胜任涉密岗位所要求的工作能力。具体来说，涉密人员应具备下列基本条件：（1）具有中华人民共和国国籍；（2）热爱祖国，拥护中华人民共和国宪法；（3）诚实可靠，品行端正；（4）具有涉密岗位要求的业务素质和能力。《科学技术保密规定》要求涉密科学技术项目原则上不得聘用境外人员，确需聘用境外人员的，承担单位应当按规定报批。

因此，涉密科研项目负责人的涉密等级要与项目密级相一致，涉密项目实施人员必须是具备相应保密资格的涉密人员，应自觉遵守保密管理规定，确保国家秘密安全。

确定涉密科研项目实施人员应履行保密。《中华人民共和国保守国家秘密法》规定，在涉密岗位工作的人员，按照涉密程度分为核心涉密人员、重要涉密人员和一般涉密人员，实行分类管理。任用、聘用涉密人员应当按照有关规定进行审查。《科学技术保密规定》提出机关单位要确定涉及国家科学技术秘密的人员，并加强对涉密人员的保密宣传、教育培训和监督管理。

根据"以岗定人、分类确定、从严把握、精准界定"的原则，结合实际工作，确定涉密人员步骤如下。

第一步：精确界定涉密岗位。根据实施人员科研方向是否涉密和承担涉密科研项目相结合的标准来设立涉密岗位。临时涉密岗位按照接触、知悉国家秘密的总量确定。

第二步：精准确定涉密人员。涉密岗位确定后，机关单位按照岗位涉密程度，进一步划分出核心涉密岗位、重要涉密岗位、一般涉密岗位，并相应地确定核心涉密人员、重要涉密人员和一般涉密人员。一是对于只接触绝密级、机密级国家秘密载体但不知悉其内容的涉密人员，在确定涉密等级时，可以下调一级。二是对于在涉密岗位工作，但属于编外、借调、挂职、临时聘用的人员，如果直接接受本机关本单位管理，应纳入涉密人员确定范围。机关单位工勤人员（司机、涉密会议室服务员等）不列入涉密人员确定范围。临时聘用人员不得在核心、重要涉密岗位工作。三是对于不在涉密岗位工作，但因工作需要接触、知悉少量国家秘密的人员，不确定为涉密人员。

第三步：从严审核拟任人员。对涉密岗位的拟任人员，机关、单位应进行严格审核：一是所在部门会同保密工作机构审核。拟任人员所在部门应根据涉密人员岗位职责和工作实际，结合机关、单位保密事项范围规定、涉密人员标准要求，对其是否适合在涉密岗位工作以及涉密程度进行初步审核，并会同保密工作机构提出拟任意见。二是组织人事部门审查。初步审核通过后，机关、单位组织人事部门对拟任人员进行保密审查。三是保密委员会审批。机关、单位召开保密委员会会议，综合研究拟任人员的审查情况，作出审批。

第四步：落实涉密人员备案制。机关、单位完成涉密人员分类确定后，应建立涉密人员管理档案，及时掌握其岗位变动、类别调整等具体情况，实行动态管理，并及时将厅局级（含）以下涉密人员情况报同级保密行政管理部门备案。

项目实施过程中，会有部分临时人员，临时借调或聘用人员也要进行涉密资格审查。临时涉密岗位，指的是临时抽调非涉密岗位工作人员从事涉密项目研究管理、涉密审计、涉密案件查办等情况，应当按照接触、知悉国家秘密的总量确定。这里的"临时抽调人员"是指非正式在涉密岗位工作的人员，"总量"是指临时抽调期限内（或年度内）在涉密岗位上接触、知悉国家秘密的数量。

对临时借调或聘用人员的涉密资格审查是加强涉密人员管理的第一个环节，也是严格规范选用涉密人员的第一道关口。有关用人机关、单位要充分认识涉密资格审查的重要性，切勿走形式、走过场，为纯洁涉密人员队伍，要严格把好准入关，真正把政治素质高、道德情操高、业务素质高的人员，选配到涉密工作岗位上来，为建设一直高素质的涉密人员队伍奠定良好基础。

为此，加强临时借调或聘用人员的保密管理也是重要环节。按照《保密法》第三十五条"任用、聘用涉密人员应当按照有关规定进行审查"的规定，机关、单位应当根据借调人员所在岗位及部门实际情况，进行审查。从程序上来说，用人机关的组织人事部门应会同保密工作机构，对拟借调人员进行借前审查。审查内容包括：个人和家庭基本情况、现实表现、主要社会关系，以及与国（境）外机构、组织、人员交往情况等。用人单位对那些有可能接触国家秘密的借调人员，除审查上述情况外，还应当强化审查措施，确保其政治立场坚定、品行端正、诚实可靠，作风正派、责任心强，尤其要具备基本的保密常识和保密素质。其可能接触的国家秘密事项性质、涉密范围和特点，结合实际工作需要，开展有针对性的保密教育培训。借调期间，用人单位还应当对借调人员开展经常性的保密形势、保密法律法规和保密知识技能培训，使之切实增强保密意识、养成保密习惯、提高保密技能。

按照《保密法》第三十六条及组织部、国家保密局、人力资源和社会保障部、国家公务员局印发的《关于组织开展保密承诺书签订工作的通知》规定，要探索适合保密工作实际的监督方式，保证借调人员在借调期间能做事、做成事、不出事。用人机关应当与借调人员签订保密承诺书，确保其了解并遵守各项保密制度，知悉并履行保密义务；用人机关还应当及时了解掌握借调人员的思想状况和工作表现，发现存在违反保密法律法规倾向的，要及时制止并纠正。对不适合从事涉密业务的借调人员，要及时将其退回原单位。

一言以蔽之，机关单位保密管理应当周全严密，对可能"触密"的借调人员，同样要加强管理。否则，不仅发挥不好借调人员的作用，甚至还可能引发泄密事件，结果适得其反。

第四节 涉密项目实施过程中的保密工作

涉密科研项目实施过程中的保密管理要求应包括以下几方面。

1.项目团队人员管理。涉密项目的核心团队成员必须是涉密人员，项目负责人与项目团队成员签订《涉密项目保密承诺书》，明确保密责任和要求，并对项目团队成员定期进行保密教育提醒。

2.项目保密工作记录。涉密项目负责人应指定专人负责使用《涉密项目保密工作记录本》，及时真实地记录项目团队成立后保密工作的开展情况，如项目团队成员保密教育提醒、保密工作部署和要求、项目保密自查、外场试验、重大接待等内容，作为项目落实保密工作的重要依据和证明。

3.项目评审的管理。项目评审组织部门应按要求选择评审人员，普通人员不得参加涉密项目的评审。对参加评审的人员应明确保密要求和进行保密提醒。评审使用的涉密资料，应指定专人负责管理，上级机关需要相关评审涉密资料的应按外发流程进行审批，并通过机要传递。

4.项目外场试验管理。外场试验组织部门制定项目外场试验保密方案，成立项目保密管理小组，指定专人负责试验现场的保密管理，做好试验现场密品和涉密载体管理。在外场试验工作期间，对参加试验人员应定期进行保密教育提醒和监督检查等工作。

5.项目密品的管理。涉密项目在开展工程实施方案评审时应对项目产生的密品及密级进行评审和确定。项目开展过程中，项目负责人应了解和知悉涉密项目密品的形成时间。密品形成后，应明确密品责任人，建立密品动态管理台账，做好密品流转交接使用的管理。密品交付用户前，进行交付审批，做好交接和签收，做好密品从产生到交付的全过程管控。

涉密科研项目中途转场中应特别加强保密管理，应包括以下几点。

1.涉密会议的资质审查。涉密会议的跟踪管理，主要包括会议保密工作方案的制定、会议过程中各项保密措施的落实、对会议有关人员的保密管理，以及会议场所和设备的选择等。召开涉密会议，一般应在内部符合涉密要求的场所召开，也可以选择具备良好保密环境，软件和硬件均符合保密要求的宾馆、饭店、招待所、礼堂、会馆等。供涉密会议使用的各种设备，包括通信设备、办公设备、扩音设备，在使用前要进行严格的保密性能检查，配备必要的保密技术措施。属于涉及国家秘密内容的会议，不得采用电话会议的形式召开。确需以电话会议形式召开的，应当在具有加密技术措施的电信通信网络上进行。

2.外场试验。外场试验的保密工作方案应包括任务性质、项目或型号密级、组织领导、保密措施和具体要求。试验承办单位必须把安全保密工作纳入现场工作的议事日程。对参试人员的资格进行审查，大型外场涉密试验应与保密处联系，接受保密管理具体防范技术上的监督和指导。外场试验现场，要指定专人分管保密工作。每个系统、每个参试单位，都要设专（兼）职保密员，负责本系统、本单位在试验现场的文件资料管理工作。不得携带涉密科研项目资料游览、参观、探亲、访友和出入公共场所以及参加外事活动。因工作需要外出必须携带的涉密科研项目资料，应指定专人负责管理或携带者亲自管理。

在涉密科研项目实施过程中，遇到保密管理问题就要中止或终止。国家国防科工局文件科工技〔2012〕34号《国防科工局科研项目管理办法》规定：科研项目实施过程中，项目主管单位及承研单位不得擅自调整批复内容，出现以下情况的，按程序报有关部门审批调整。（1）改变科研项目研究目标、主要研究内容或技术指标的；（2）增加中央财政科研经费或提高中央财政科研经费比例的；（3）主要承研单位发生变更的；（4）研究周期预计需要延长6个月以上的；（5）国家规定的其他情况。

科研项目实施过程中发生以下情况，项目主管单位应及时报有关部门审批终止科研项目：（1）因技术发展或市场需求发生重大变化，科研项目已失去研究开发意义；（2）由于时间推移，技术、经济指标低于国内已有同类水平；（3）技术方案和技术指标无法达到预期目标，并无有效解决办法；（4）科研经费或配套的技术引进、技术改造、基本建设计划无法落实；（5）承研单位的负责人或技术骨干发生重大变更，致使项目无法按计划继续进行；（6）因不可抗拒因素致使科研项目无法按计划进行。

同时，如果科研项目实施过程中发生以下情况，可直接做出撤销科研项目的决定：（1）已列入其他科研计划，重复申报；（2）挪用中央财政科研经费；

（3）组织管理不力，严重影响科研项目顺利实施或发生重大失泄密事件；（4）监督检查中发生重大违规违纪行为；（5）弄虚作假，未在科研项目诚信承诺书中如实说明情况；（6）连续2年未按年度计划要求完成研究任务；（7）国家规定的其他情况。

被终止和撤销的科研项目，国家有关部门停止安排计划科研经费。项目主管单位组织承研单位在1个月内完成科研项目决算，连同固定资产购置情况一并报有关部门核批。科研项目剩余的中央财政科研经费全部上缴财政部。

第五节　涉密项目结题后保密管理要点

涉密科研项目结题验收应加强保密管理。在项目结题阶段，应明确对评审人员的保密要求，加强成果验收、申报奖项、申请专利等工作的保密管理。产品类交付阶段，在存放、试验和运输时，要采取必要的保密措施。在涉密科研项目交付、验收、结题后，科研项目负责人应组织将与项目有关的所有涉密载体按照科技档案规定的要求在校档案馆进行归档，如涉密载体需要销毁，应按销毁程序办理。

涉密科研项目成果评价时要加强保密管理。科学合理的科研评价体系是提高项目研究质量、促进成果应用的重要手段。建立科研评价的指标体系，在科研实施中按相关指标进行衡量、考核、引导，可为科研成果顺利转化应用提供有力保障。

1.运用科研过程评价保障成果应用。保密科研项目的组织管理是项目实施成功的重要保证。科研项目的相关方一般包括需求方、研究方和管理方，针对科研过程的评价体系就是要建立一整套跟踪、调优、反馈机制，通过对实施计划、任务进度、人员投入、经费使用等各要素的跟踪评价，让需求方能够及时了解项目研究进展，反馈有关意见建议；让研究方能够及时深入地理解业务需求，根据需求调整技术路线；让管理方能够及时把握项目进度，根据进度调整管理重点。这样，就能在项目总体目标和相对分散的阶段性研究任务之间统筹把握，使相对分散的阶段性研究任务与科研立项方向保持一致，并不断地"逼近"最终目标，保障最终成果的好用、管用。例如，"网络窃密木马检测关键技术研究"项目，在项目办与业务指导部门联合进行的中期检查过程中，及时了解进展情况，发现阶段性成果有偏差，及时进行了调整，保障了项目最终成果可用管用。

2.运用科研诚信评价保障成果应用。科研诚信，是指从事科研活动的个人或机构的职业信用，是对个人或机构在从事科研活动时遵守正式承诺、履行约定义务、遵守公认行为准则的能力和表现的一种评价。科研诚信应贯穿于科研的整个过程。项目申报时，要求实事求是，充分考虑自身研究力量，加强可行性论证，必须由两名副高级职称以上专家出具推荐意见，并要求申报单位对申报书进行书面诚信签字；项目执行时，严格按照项目合同书的预期目标和要求，不随意变更研究目标、内容、进度等；结题时，按期结项，不虚报成果；等等。这都是科研项目取得预期成果并应用于实践的有力保证。目前，我国科研领域的学术不端行为时有发生，建立健全贯穿始终的保密科研诚信评价机制，是确保保密科研项目取得预期成果的重要举措，在此机制上逐步建立起保密科研诚信档案库，也可为立项决策提供重要参考指标。

3.运用科研质量评价保障成果应用。科研质量评价就是对科研成果在实际中的应用进行客观评价，像技术类科研项目成果可以评价其功能性能，管理类科研项目成果可以评价其对实际工作的指导作用等。客观公正的成果评价，是对科研立项的验证，也是对项目承担单位项目组织、科研能力等方面的综合打分，对下一步成果的推广应用等具有重要的决策参考作用。评价合格的成果就相当于有了在保密工作中应用的许可证，可以加快示范试用、产业化发展等后续工作。例如，我们对"数字化定密管理系统研究"项目成果组织了专家鉴定会，根据鉴定结果，开展了应用示范，效果良好，下一步的产业化发展已经纳入日程。

　　搞好涉密科研项目成果转化应用中的保密管理是确保国家秘密安全的重要环节。涉密科研项目成果在推广与转化过程中，应进行去密化处理，填写《涉密科研项目非密化处理审批表》，由学密工作小组和保密委员会审查后办理相关手续；不进行去密化处理的，须选择具有相应保密资格的单位进行推广转化，相关保密管理参照外协合同的保密管理办法执行。涉密科研项目成果转让时，必须在合同中明确规定技术的密级、保密期限、保密要点及受让方承担的保密义务。

　　涉密科技成果转让或推广应用有明确规定。《科学技术部863计划保密规定》中第四章、第二十五条规定："863计划"保密成果在申请专利、国内技术转让、举办合资企业或推广应用时，秘密级成果，应按行政隶属关系报省、自治区、直辖市、计划单列市科技厅（委、局），或者国务院有关部门、直属机构、直属事业单位科技司（局）批准并报国家科技保密办公室备案；机密级以上的成果按行政隶属关系通过省、自治区、直辖市、计划单列市科技厅（委、局），或者国务院有关部门、直属机构、直属事业单位科技司（局）初审后报国家科技保密办公室批准。

　　项目完结后，需要妥善保管涉密科研项目文件资料。涉密科研项目各个阶段产生的资料种类繁多，不仅有正式的文件资料，密级项目在设计与试制、试验过程中还会产生大量的过程资料。如讨论稿、评审稿，还有大量的草稿、草图、废稿、废图等。这些资料虽然不是归档资料，但是同样也包含大量的秘密信息，在传递、复印、保存等过程中要加强保密管理。对这些资料，有保存价值的要及时归档，没有保存价值的要及时销毁。

　　过程中，难免会出现一些难以确定的国家秘密的敏感科研数据，根据《国务院办公厅关于印发科学数据管理办法的通知》规定：（1）涉及国家秘密、国家安全、社会公共利益、商业秘密和个人隐私的科学数据，不得对外开放共享；确需对外开放的，要对利用目的、用户资质、保密条件等进行审查，并严格控制知悉范围。（2）涉及国家秘密的科学数据的采集生产、加工整理、管理和使用，按照国家有关保密规定执行。主管部门和法人单位应建立健全涉及国家秘密的科学数据管理与使用制度，对制作、审核、登记、拷贝、传输、销毁等环节进行严格管理；对外交往与合作中需要提供涉及国家秘密的科学数据的，法人单位应明确提出利用数据的类别、范围及用途，按照保密管理规定程序报主管部门批准。经主管部门批准后，法人单位按规定办理相关手续并与用户签订保密协议。（3）主管部门和法人单位应加强科学数据全生命周期安全管理，制定科学数据安全保护措施；加强数据下载的认证、授权等防护管理，防止数据被恶意使用；对于需对外公布的科学数据开放目录或需对外提供的科学数据，主管部门和法人单位应建立相应的安全保密审查制度。（4）法人单位和科学数据中心应按照国家网络安全管理规定，建立网络安全保障体系，采用安全可靠的产品和服务，完善数据管控、属性管理、身份识别、行为追溯、黑名单等管理措施，健全防篡改、防泄露、防攻击、防病毒等安全防护体系。（5）法人单位和科学数据中心应按照国家网络安全管理规定，建立网络安全保障体系，采用安全可靠的产品和服务，完善数据管控、属性管理、身份识别、行为追溯、黑名单等管理措施，健全防篡改、防泄露、防攻击、防病毒等安全防护体系。

若要对外开放相关数据，则需进行审查。若在对外活动中需要分享敏感科学数据，当事法人单位或个人应明确提出利用数据的细节汇报，经主管部门批准后才能进行分享。各研究单位、高校和私人企业皆在此规定范围之内。

第一，建立一套相对完整的数据安全问题评估标准。虽然部分数据共享平台尝试进行数据分类，但此种分类主要围绕数据的保密分级进行，与数据的隐私、健康信息识别、数据的安全敏感度或潜在威胁识别等要求尚有不小的距离。在评估规范中落实关注安全隐患、对潜在威胁进行评估，才有可能识别出共享交流中存在安全问题的数据。

第二，组建跨领域的数据共享监管责任团队。目前，国内的数据共享平台中，数据使用及共享管理仅对本平台负责，缺乏跨领域、跨平台的安全评估或监管介入，存在对科研数据共享的监管漏洞。

第三，权衡处理好数据安全与共享的关系问题。数据调整和数据匿名的方式，我们可以借鉴，但应慎重把握数据共享和数据安全中的度。过度调整虽然在一定程度上保护了数据，但也在更大程度上阻碍了数据的共享。

对科研中具有领先水平的新技术、新材料、新能源等前沿信息和新发现应加强管理，根据《关于加强新技术产品使用保密管理的通知》规定：（1）严禁使用具有无线互联功能的计算机处理国家秘密信息。凡用于处理国家秘密信息的计算机必须拆除具有无线互联功能的硬件模块。（2）严禁涉密计算机使用无线键盘、无线鼠标及其他无线互联的外围设备。（3）严禁涉密信息系统使用具有无线互联功能的网络交换机等网络设备。（4）严禁将用于处理国家秘密信息的具有打印、复印、传真等多功能的一体机与普通电话线连接。（5）严禁将存储国家秘密信息的软盘、光盘、U盘、移动硬盘等移动存储介质在与互联网连接的计算机上使用。（6）严格限制从互联网将数据拷入涉密计算机和涉密信息系统。如确因工作需要，需使用非涉密移动存储介质从互联网将所需数据拷入涉密计算机或涉密信息系统，应采取有效的保密管理和技术防范措施，严防被植入恶意代码程序，导致国家秘密信息被窃取。（7）严禁将个人具有存储功能的电磁存储介质和电子设备带入核心和重要涉密场所。（8）严禁在涉密场所连接互联网的计算机上配备、安装和使用摄像头等视频输入设备。在涉密场所谈论国家秘密事项时，应对具有音频输入功能并与互联网连接的计算机采取关机断电措施。（9）严禁维修人员擅自读取和拷贝计算机、数字复印机等涉密电子设备存储的国家秘密信息。涉密电子设备出现故障送外维修前，必须将涉密存储部件拆除并妥善保管；涉密存储部件出现故障，如不能保证安全保密，必须按照涉密载体销毁要求予以销毁，如需恢复其存储信息，必须由国家保密工作部门指定的具有数据恢复资质的单位进行。

所以，对于科研中具有领先水平的新成果要做到：制定科研成果管理条例和有关的规章制度并组织实施；组织对科研成果的评价鉴定，对成果的科学价值、经济价值、社会价值、应用可能性等进行审查评议，做出恰当的评价或鉴定意见；组织科研成果的交流，促进推广应用，使应用性的科技成果尽快地发挥作用；组织科研成果的考核，对优秀成果进行鼓励和奖励；登记、汇总和上报科研成果材料，并协助有关部门建立科研成果档案；贯彻执行科学技术保密规定，保护国家科技财富。

涉密科学技术项目应当按照以下要求加强保密管理：（1）涉密科学技术项目在指南发布、项目申报、专家评审、立项批复、项目实施、结题验收、成果评价、转化应用及科学技术奖励各个环节应当建立保密制度；（2）涉密科学技术项目下达单位与承担单位、承担单位与项目负责人、项目负责人与参研人员之间应当签订保密责任书；（3）涉密科学技术项目的文件、资料及其他载体应当指定专人负责管理并建立台账；（4）涉密科学技术项目进行对外科学技术交流与合作、宣传展示、发表论文、申请专利等，承担单位应当提前进行保密审查；（5）涉密科学技术项目原则上不得聘用境外人员，确需聘用境外人员的，承担单位应当按规定报批。

科技秘密申请知识产权保护应遵守相应规定。《科学技术保密规定》第四章、第三十九条中注明国家科学技术秘密申请知识产权保护应当遵守以下规定：（1）绝密级国家科学技术秘密不得申请普通专利或者保密专利；（2）机密级、秘密级国家科学技术秘密经原定密机关、单位批准可申请保密专利；（3）机密级、秘密级国家科学技术秘密申请普通专利或者由保密专利转为普通专利的，应当先行办理解密手续。

科研人员发表文章、著作、讲学有保密要求。涉密人员发表文章、著作不得涉及国家秘密。凡涉及本系统、本单位业务工作或对是否涉及国家秘密界限不清的，以及拟向境外新闻出版机构提供报道，出版涉及国家政治、经济、外交、科技、军事等方面内容的，应当事先经本单位或上级机关、单位审定。向境外投寄稿件，应当按照国家有关规定办理。

科研信息发布保密审查有明确的原则、要求,《中华人民共和国政府信息公开条例》第五条规定,行政机关公开政府信息,应当遵循公正、公平、便民的原则。第六条规定,行政机关应当及时、准确地公开政府信息。行政机关发现影响或者可能影响社会稳定、扰乱社会管理秩序的虚假或者不完整信息的,应当在其职责范围内发布准确的政府信息予以澄清。第七条规定,行政机关应当建立健全政府信息发布协调机制。行政机关发布政府信息涉及其他行政机关的,应当与有关行政机关进行沟通、确认,保证行政机关发布的政府信息准确一致。行政机关发布政府信息依照国家有关规定需要批准的,未经批准不得发布。第八条规定,行政机关公开政府信息,不得危及国家安全、公共安全、经济安全和社会稳定。

科研信息发布应履行保密审查程序,信息发布前应履行如下程序:对拟公开政府信息进行保密审查,应由承办单位提出具体意见,经机关、单位指定的保密审查机构审查后,报机关、单位有关负责同志审批。未经审查和批准,不得对外公开发布政府信息。对经保密审查不能公开的信息,应说明理由。保密审查记录应保存备查。在信息形成或公文制作程序中应增加确定信息是否公开以及以何种方式公开的程序。具体承办人员应当对照国家秘密及其密级具体范围的规定和其他要求,提出其是否可以公开的意见,并履行保密审查程序。另外根据《中华人民共和国政府信息公开条例》第三章、第十五条规定,行政机关应当将主动公开的政府信息,通过政府公报、政府网站、新闻发布会以及报刊、广播、电视等便于公众知晓的方式公开。

涉密科研活动新闻报道应注意相关事项。撰写新闻稿件应当认真遵守询问出版保密规定和会议保密要求,不得涉及国家秘密。会议、活动提供新闻通稿或报道口径的,应按照新闻通稿或报道口径报道。凡是公开报道、播放的稿件、图片、录像片、录音带等,应请有关业务主管部门或涉密会议、活动组织者审查批准。

另外,涉密内容的宣传报道,按国家有关规定及课题承担单位的有关制度进行保密审查。涉及机密、秘密级计划内容的宣传报道：涉及一个领域或主题的稿件，由领域办公室审查批准；涉及两个或两个以上领域的综合性稿件，由主管业务司审查批准。

第四章
强化军民融合项目保密管理

第一节　做好军民融合项目的保密工作意义重大

习主席指出，军民融合发展是实现发展和安全兼顾、富国和强军统一的必由之路。实施军民融合发展战略是构建一体化国家战略体系和能力的必然选择，也是实现党在新时代强军目标的必然选择。

当前，我国经济已由高速增长阶段转向高质量发展阶段，正处于转方式、调结构、增动力的关键期，迫切需要打造发展新引擎、拓展发展新空间、培育发展新动能。深入实施军民融合发展战略，促进军民两大体系之间开放交融、良性互动，既有助于加强军队建设，也有助于优化国民经济循环、带动产业高端化，促进经济和国防建设互为支撑、互相促进，实现双赢、对于全面建设社会主义现代化国家和实现中华民族伟大复兴具有重要而深远的意义。

一是推进军民融合发展战略，是党中央契合时代要求做出的重大决策。军民融合是指军民之间相互交融、相互促进、相互支撑，资源共配、能量共用、事业共为、成果共享、风险共担，逐渐成为一体，从而使各种活动效益倍增、成本减少，实现双方利益最大化，深刻体现了我国国防建设和经济社会发展的变化规律。由此可见，军民融合发展，能大大减少国家战略目标总成本，达到经济建设和国防建设综合效益最大化。改革开放以来，我国坚持以经济建设为中心，大力发展生产力，经济实力有了极大的增强，成为世界经济大国。但只有国防力量和经济发展相适应，才能有效巩固已有的经济建设成果，保护国家经济安全和公民的利益，才能取得与国家经济实力相符的国际地位。实施军民融合战略，目的就是促进军地协同创新，实现军民资源共享。

二是推进军民融合发展战略，可以合理配置和有效利用各种资源。打破军民分割、自成体系的格局，实现经济建设和国防建设良性互动，能有效避免军民重复建设、分散建设，最大限度地节约资源，提高国家整体建设效益。如构建军民一体化的人才教育培养体系，能避免军地院校相关专业的重复设置；构建军民一体化的社会服务体系，精简军队大量后勤保障人员，减轻军队负担、解除后顾之忧，享受便捷安全高效服务的同时，能促进驻地第三产业的发展和就业；打造军民一体化的产业体系和科技支撑体系，整合军地各自独立的科研生产队伍，实现平战结合，形成军队战斗力和地方生产力共兴共生的强大驱动力。因此，推进军民融合发展战略，可以集中全社会的力量、共用一个经济技术基础进行经济建设和国防建设，极大提升综合国力和可持续发展能力。我国的"两弹一星"、核潜艇等就是全国上下团结一致，集合了相关领域的高校、工厂、科研单位等数量众多的单位协同创新研发出来的。

三是推进军民融合发展战略，可以带动产业迈向中高端。高质量发展意味着高品质的产品和服务供给，尤其是高端制造业发展，关乎国家命脉，彰显国家战略能力。武器装备科研生产作为典型的技术密集型产业，凝聚着顶级和尖端技术，谁掌握了高端军工技术，谁就能站上高端产业发展的制高点。推动武器装备科研生产的军民融合，加快国防科技工业开放式发展，有助于带动我国高技术产业链全面升级，全面夯实强军的产业基础。军民融合是战略新兴产业的孵化器。在一个国家中，军队往往是高端制造业最稳定的客户。纵观美国高技术产业的成长，大多数是美国国防部先行对新技术进行风险投资，对新产品施行保护性购买，直到引导出现一个新的产业领域，政府才会随之退出和隐去。今天的美国"硅谷"被认为是全球高科技产业和创新的策源地。事实上，其早期的产业发展直接受益于美国国防部的直接投资和源源不断的订单支持。因此，坚定实施军民融合发展战略，培育和引导战略新兴产业发展，孵化一大批拥有突破性技术乃至颠覆性技术的高科技企业，对于提升我国制造业在全球产业链、价值链中的位置，夯实强国强军的高科技产业基础，具有重要价值。

四是推进军民融合发展战略，可以加快部队战斗力跃升。习主席多次指出，实施军民融合发展战略，为实现中国梦、强军梦提供强大动力和战略支撑。当今世界，军用技术与民用技术的相通性、相关性、替代性越来越明显，军队后勤保障、技术保障、装备保障越来越依赖于社会力量。特别是科技领域军民融合，更是实现创新驱动与实现科技兴军的战略交汇点，它所产生的效益，既体现为国家综合实力，又同时体现为国家战争潜力。推进军民融合战略，可以实现大系统构建、全方位推动，从而在作战指挥信息化、军事基础设施建设、作战资源调配、军地联通平台搭建等方面，实现"一盘棋规划、一张图实施"的"一体化"布局。事实表明，军事科技创新只有融入国家科技创新大体系，战斗力生成才会源源不断地汲取能量，夯实内功，秀出"肌肉"。通过军民融合，可以要突破军民科研界限，突出对关键共性技术、前沿引领技术、颠覆性技术的协作创新，从而实现军地科技信息资源共享，打破军地之间科研成果的自我封闭状态，让科研成果尽快转化为成熟技术应用于军事领域，不断提高科技创新对军队建设和战斗力生成的贡献率。

保密工作在军民融合中的作用显著。保密工作是军民融合战略的重要组成部分，是军民融合发展的安全保障和有力促进，是打赢未来战争的基本保证。保密工作，是保底工程，是生命工程，做好保密工作，对于推动建立军民融合深度发展新格局，服务武器装备建设和国防军工领域国家秘密安全，具有重要意义。深入推进军民融合就是要打破军和民的界限，但这个界限的底线，就是要做好保密工作，确保国家和军事秘密万无一失。

没有安全的融合，是危险的融合；不能保密的融合，是有害的融合。安全与保密，是军民融合一切工作的前提和基础，建立健全军民融合保密管理体系，是为军民融合保驾护航的重器。忽略或淡化保密工作，不仅会损害军民融合过程中国家和军事秘密的安全，还将会严重影响和伤害军民融合的深度推进与发展。

对于军队来讲，"保密就是保战斗力"；对于企业来讲，"保密就是保生产力、保生命线"。在军民融合过程中，保密工作必须置于各级党组织的领导下，健全保密组织，落实保密责任，建立保密制度，抓好信息网络化管理，并从人员管理、涉密载体入手，保重点、保要害。

第二节　军民融合项目中保密管理工作要务

"民参军"项目实施的保密要求包括，"民参军"企业应该建立科学完整、严密规范的保密体系。不同类型民营企业，要根据自身业务实际情况，分别梳理失泄密隐患和保密风险，运用保密科学理论、现代化保密管理经验和成熟做法，将保密工作深度融入"民参军"项目中。要积极开展保密对口管理与指导，尽快构建从当前严峻保密形势到现代形态保密工作、从保密科学理论到实践操作方法步骤的军工融合保密管理体系，不断完善人员、制度、定密、信息网络使用、涉密载体、风险评估等方面机制，积极推进军民融合全要素的深度发展。具体讲：

一是"民参军"项目的企业，要具备相应的保密资质（格）。军民融合最主要的内容之一，是打通军民二者之间的障碍，使企业等市场主体能够参与涉军事务，即"民参军"。但"民参军"绝不意味着把军事涉密领域完全放开或者降低保密标准，无论军民融合如何"拆壁垒、破坚冰、去门槛"，都必须在确保国家秘密安全的基础上推进，保密的基本要求必须坚持，保密的底线必须坚守。为此，需要为"民参军"设置一道"安全阀"，把好军民融合的"入口关"，将不具备保密能力或者存在失泄密风险的企业过滤出去，从而做到既确保国家秘密安全，又不影响"民参军"推进。保密资质（格）制度就是这道"安全阀"。按规定，"民参军"企业，根据领域的不同，需要酌情办理军工四证，即：武器装备质量管理体系证书、武器装备科研生产保密资格证书、装备承制单位资格证书、武器装备科研生产许可证。

二是要加强"民参军"项目单位涉密人员的管理教育。涉密人员是资质（格）、等级单位最重要的保密管理要素，也是加强对资质（格）企业保密管理最重要的抓手。随着军民融合的深入推进，大量民营企业进入涉军服务领域，相比国有企业，民营企业的人员流动性大、背景相对复杂，管理难度较大。为此，要归口责任，实行统筹管理，通过建立涉密人员数据库、加强对涉密人员的上岗前审查任职、办密中的监管、离岗后脱密、出入境备案完备和定期的保密教育等措施，建立一整套保密管理制度机制，确保"民参军"企业涉密人员不失控。

三是要合理确定"民参军"项目涉密范围和等级。按照"该保的要严格保住、该放的要充分放开"的原则，合理确定"民参军"项目的涉密范围和等级。要按项目保密要求，制定项目信息发布定密工作规则，规范项目信息发布的定密标准和程序，做到依法定密、放控结合、责权一致。要明确项目定密的责任主体、工作流程和基本方法。

同样，在项目实施前要了解军方项目属于何等密级。《中国人民解放军保密条例》第二条规定，军事秘密是国家秘密的重要组成部分，事关国家军事利益，依照规定的权限和程序，在一定时间内、只限一定范围的人员知悉相关的事项。军队不同等级的秘密，由相应级别的单位制定，如，秘密级由团级以上单位确定；机密级由师级以上单位确定；绝密级由军级以上单位确定。其知悉范围和人员秘密等级的严格性，决定了地方企业在实施项目前，必须充分了解军方属于何等密级的项目，并按要求，慎重把控所实施项目保密事项的知情人员和范围，以确保军事秘密安全。

一方面，了解军方的秘密等级，有利于项目实施单位划分涉密人员等级，从而将核心涉密人员、重点涉密人员和一般涉密人员严格区分开来，在保证军事利益安全的前提下，顺利推进项目的实施；

另一方面，了解军方的秘密等级，能保证实施项目的可靠性和效益。军方不同项目的密级有严格规定，一个项目完成前，首先要检验其质量的可靠性，保密问题首当其冲，若不加区分，将高密级的项目降为低密级，必然是徒劳无功的。因此，做项目前，了解军方秘密等级，可以针对项目要求，有的放矢地做工作，既保证军方保密安全，又确保企业效益。

同样，做好军转民技术中的保密管理同样重要。随着信息化的迅猛发展，保密技术监管和防范工作遇到了前所未有的冲击和挑战，如何适应形势发展需要，做好信息化条件下军转民技术中的保密管理工作，是亟待解决的问题。

抓好军转民技术中的保密管理，主要是两个方面的工作：一是强化各级保密责任落实，建立健全各种制度，积极引导各级保密组织机构开展工作；二是抓好涉密信息管理，主要是加强服务器、终端、单机以及各种安全产品管理。具体讲，要做到以下几点：

一是要加强军转民单位干部职工的保密教育。将保密教育作为单位一项经常性、基础性的工作。认真组织学习保密工作形势、任务、管理对象、上级要求以及应当知悉的法律法规和保密职责。通过宣传教育，将"保密责任重于泰山，保密工作人人有责"的意识内化于心、付之于行，不断增强干部职工的敌情意识和综合防范意识。

二是健全完善军参民单位保密工作领导机构。首先是加强组织领导。将保密工作摆上重要议事日程，纳入单位年度工作计划。坚持与全局工作同研究、同部署、同检查、同落实，形成齐抓共管的合力。单位领导要切实担负起保密"第一责任人"的责任，并督导保密工作机构大胆开展工作，组织人事、纪检部门要把履行保密工作责任情况纳入领导干部民主生活会和领导干部绩效考核。其次是选准配强保密干部。把政治思想素质过硬、保密专业素质很强和相关科技知识丰富的干部选拔到保密工作岗位上来，不断推进保密干部队伍专业化建设。再是要全面落实保密工作责任制。严格落实"谁使用、谁负责，谁主管、谁负责"的要求，突出强化"业务到哪，保密在哪""岗位到哪，责任在哪"的理念。大力加强责任体系建设，建立和完善"一级抓一级、层层抓落实"的责任制，真正把保密责任分解落实到各个岗位、各个人员，一旦发现失泄密隐患，都要追究责任制，加以问责。

三是建立健全军参民单位保密制度。只有管理体制健全，保密工作才能真正做到行有规章、做有依据、查有准则。要依据单位情况，修订完善保密审批、日常管理、检查和责任追究制度，增强制度针对性。要建立健全涉密人员岗位职责，明确责任处室、责任领导和具体工作责任人。严格规范保密载体管理流程，做到登记明确、手续清楚；要加强计算机网络和涉密计算机室的管理，严格落实"涉密信息不上网，上网信息不涉密"的要求，涉密文件一律到涉密计算机室处理。要把保密检查作为有效抓手和载体，采取定期查与突击查、常规检与重点查、自查与抽查相结合的形式，以查促改，坚决把失泄密安全隐患消灭在萌芽状态。要把关键岗位、关键部门、关键人员作为保密管理的重中之重，强化督查，加强动态管理，真正形成人防、物防、技防相结合的综合防范体系。

四是大力加强保密技术防范体系建设。依据《科学技术保密规定》要求，统筹搞好技术防范体系建设。一方面，本着"宁可花钱买安全，不可省钱买教训"原则，加大经费投入，配备安全防护设备，改进技术装备，更好地搞好保密技术防护体系建设，努力做到该采用的技术坚决采用，该更新的技术设备坚决更新，不断提升高科技防窃密技术的抗衡力。要重点搞好计算机加密通信、内部局域网防护系统和移动存储介质管理系统建设，指定专人加强对涉密软件、光盘、U盘、硬盘、移动硬盘等各类涉密载体在使用、保管、销毁等环节的管理、创新监管手段，切实保证计算机、网络运行的安全可靠。同时，积极引进外围技术力量，认真做好重要涉密会议和重大涉密活动的保密技术防范、管理工作，积极督促涉密程度高、产生秘密多、保密任务重的部门单位加快技防体系建设，努力消除保密管理漏洞和盲区。

进入军方涉密场所应遵守保密规定。地方人员到军方，必须经警卫人员询问、检查和登记，并知悉军事管理区有关规定和注意事项方可允许。进入涉密场所，除上述要求外，还应该按涉密场所管理规定，自觉做到听从命令、服从管理、言行有矩。

首先，要严格遵守《中国人民解放军保密条例》，认真执行《中国人民解放军保密守则》，自觉做到十不准，即：（1）不该说的秘密不说；（2）不该问的秘密不问；（3）不该看的秘密不看；（4）不该带的秘密不带；（5）不在私人书信中涉及秘密；（6）不在非保密本上记录秘密；（7）不用普通邮电传送秘密；

（8）不在非保密场所阅办、谈论秘密；（9）不私自复制、保存和销毁秘密。

其次，对于接洽军方项目的单位和个人，还要严格执行《中国人民解放军计算机网络安全保密规定》和《中国人民解放军严密防范网络泄密十条禁令》，十条禁令内容是：（1）严禁涉密计算机连接互联网；（2）严禁私人计算机连接涉密网；（3）严禁涉密移动载体存储私人信息；（4）严禁私人移动载体存储涉密信息；（5）严禁存储或曾经存储过涉密信息的移动载体连接互联网；（6）严禁在连接互联网的计算机上存储、处理或传递涉密信息；（7）严禁计算机在涉密网和互联网之间交叉连接；（8）严禁移动载体在涉密计算机和连接互联网计算机之间交叉使用；（9）严禁私人手机、数码相机、播放器等电子设备连接涉密计算机；（10）严禁以军人身份在互联网上开设博客、聊天交友、应聘求职等。

参与军民融合项目的涉密人员涉密等级难免会有不同，《中华人民共和国保守国家秘密法》将涉密等级分为"绝密""机密""秘密"三级。涉密人一般分三个等级，即核心涉密人员、重要涉密人员和一般涉密人员。参与军民融合项目的涉密人员当涉密等级不同时，在组织实施项目时，应把握好以下三点。

一是要坚持原则，不能突破安全保密这个底线。按照军民融合项目的涉密资质和涉密人员等级要求，参与项目单位要严格区分参与项目人员的涉密等级，特别是对核心涉密项目，一定要严守规定，慎重选人用人，决不拿原则做交易，不以牺牲安全代价换取单位利益，即便是选定相应等级的涉密人员，也要严加审查、多方把关，真正做到以岗定人、精准定位。

二是要注重培养，适时抓好涉密人员等级转换。单位涉密人员的等级界定不是一成不变的，随着涉密人员思想觉悟、办密水平和能力素质的提升，参与军民融合项目的单位，也要适时对涉密人员的等级界定作出调整。如项目实施前，部分级别低的涉密人员，经考核达到标准的，完全可以参与到涉密程度高的项目中。当然，选定人员不能牵强附会，必须按标准和要求，严格筛选，从严把关，宁缺毋滥。

三是要注重借鉴，盘活涉密等级人力资源。地方企业参与军民融合，必须要有相应的涉密资质，对那些信誉好、实力强的单位，若在项目对接和实施中，单位涉密等级人员一时欠缺的，可通过聘请军方、协调同行业务单位的涉密等级人员等方式解决难题。这样既坚持涉密等级原则，又能兼顾军地双方的共同利益。

必要时候，要根据涉密科研项目需要，恰当调整参与科研人员的涉密等级。军地科技互通是军民融合重要内容，但往往科技领域的失泄密也是最难防范的重点。加强涉密科研项目保密管理，刻不容缓。为此，在每个科研项目实施中，要根据涉密科研项目需要，及时、准确地调整参与科研人员的涉密等级，防患于未然。

一是在项目准备与申请立项阶段，科研项目确定立项，标志着密级项目正式确立，也是密级事项正式产生的标志。从管理的角度讲，首先要建立健全工程项目的保密领导组织，按照"业务谁主管、保密谁负责"的原则，层层落实保密责任，严格执行保密制度，对所产生的密级项目的各类资料，按照相应的密级加强保密管理。其次，组织指导科研项目的各部门，在实施过程中要根据不同科研项目密级，控制适当的知悉范围。具体讲，就是各项目组在撰写相关指南建议书及项目建议书时，应要按照要求，对项目涉密情况提出建议，项目组及有关人员对知悉的涉密文件、资料和其他涉密载体承担保密义务，不得擅自扩大知悉范围。

二是在项目立项与执行阶段，将不断产生大量的涉密资料，且信息秘密程度高。项目组应根据项目密级，充分论证单位具备承担涉密项目的条件，包括涉密人员资格、等级、涉密场地等条件，不具备条件的应及时进行整改。

三是在项目结题验收阶段。科研项目结题验收时，成果所表现的形式为实验样机，在此阶段，科研管理部门要对成果组织鉴定、申报、参加各种类型的成果展示会等，以便及时将成果推广出去。因此，成果的保密性在此显得尤为重要。在开展成果申报、展示、推广和学术交流时，对涉密等级人员要做好脱密处理。科研项目通过验收后，由项目组根据有关法规，重新对涉密项目和人员进行审定，符合有关规定后，该归档的资料归档，该调整的人员及时调整。

四是在项目推广转换阶段，涉密科研项目在推广与转换过程中，必须列入相应涉密等级的《武器装备科研生产单位保密资格名录》中招标或签订合同，并在合同中明确保密条款或签订保密协议，由具有相应等级保密资格的人员监督中标单位实施。

五是在项目申报奖励成果阶段，申请鉴定的科研项目，凡涉及秘密事项的，依照国家和军队保密法和科学技术有关保密规定执行。涉密项目申报奖励过程中，项目组应确保涉密载体的使用，文档密级的确定、制作、传递、复制、保存和销毁等涉密行为符合保密规定。涉密项目在传递、保存过程中要按有关保密规定执行。

科学划定军民融合项目保密责任边界很关键。做好军民融合项目中的保密工作，对于推动建立军民融合深度发展，服务和保障国防军工领域国家秘密安全，具有重要意义。为此，必须厘清军民融合项目中的责任边界，完善责任体系。只有责任清晰、体系健全，军民融合项目中的保密工作才能落到实处。

一是充分发挥保密行政管理部门在军民融合发展中的职能作用。要从军民融合发展大局出发，以武器装备建设需求为牵引，坚持问题导向，消除体制障碍，建立健全军民融合项目中保密资格认定工作在武器装备领域的市场准入、过程控制等方面的日常监管机制。按照国务院行政审批"放管服"的改革要求，完善军地双方在项目实施中的保密责任体制机制，创新管理方法，强化监管力度。在工作机制上，要明确牵头、实施和协调部门的保密责任，划清管理边界。在事中事后监管上，要按照保密行政管理部门、军方管理部门和项目甲方单位的保密管理要求，进一步创新监管方式，提升监管效能，强化惩戒力度，及时消除军民融合发展中的各种失泄密风险隐患。

二是以适应军民融合发展的目标任务为着力点，建立健全保密管理长效机制。做好军民融合发展中的保密工作，必须紧紧围绕军民融合发展的目标任务，适应工作形态新变化，全面提升武器装备科研生产单位的系统防范能力，打造保护国家秘密的坚固防线。要以保密法律法规和标准规范为牵引，大力加强定密、涉密网络、涉密人员等重点环节的保密管理，针对军民融合发展中的保密风险隐患，全面提高各类军民融合主体的保密管理水平。要落实保密工作责任制，推动建立业务部门归口负责、保密工作机构监督指导的工作机制。要提高各类市场主体和涉密人员做好保密工作的自觉性和主动性，将各项目中的保密管理要求融入业务工作制度和流程，建立业务工作与保密工作深度融合的保密管理长效机制。要强化创新驱动，以军民融合发展为契机，加快推进保密工作由传统形态向以信息化网络化为主要特征的现代形态转型，提升系统防范能力。各级保密行政管理部门要做好协调联动，完善执法机制，加强宣传教育，强化监督检查，确保军民融合发展中的国家秘密安全，为武器装备建设提供有力保障。

随行保障军方科研实验任务也要做好保密工作。军方实施的科研实验任务是推动武器装备建设大发展、解决"能打仗"的重要一环，完成重大科研试验任务是打胜仗的前提。随行保障军方科研实验任务，是未来加强军民融合的常态，如何做好防间保密工作，是亟须解决的现实课题。

一是从军方角度讲，要负起保密工作的主体责任。军方实施科研实验任务时，项目任务重、时间跨度长、政治要求高，官兵的敌情观念和防范意识有时难以跟上"节拍"，要适时开展防间保密教育，让官兵深刻认识到上级战略意图和肩负的重要责任，增强官兵的政治责任和使命感；要经常向官兵通报实验任务地域敌社情动态和敌对势力渗透破坏、情报窃取的渠道、方式和手段，使官兵始终保持高度警惕，做好针对性防范，提高特殊环境下防间保密的能力。

二是随行保障任务的单位，要负起履行职能的责任。军方科研实验任务期间，计划方案多、涉密含量高，一旦泄密，危害极大，后果不堪设想。随行保障任务单位，必须精细筛选人员，严格组织政治考核，净化内部环境。要摸清思想状况。着重掌握参与保障人员对政策规定的了解、思想品德、组织纪律、家庭成员和主要社会关系五个方面的情况，针对存在的问题，加强教育引导，及时调整，消除不安全因素。要全面进行政治考核，就是对要害和重点部位人员逐个排查，着重从政治思想表现、日常工作态度、家庭背景是否复杂、心里是否健康、纪律观念是否严格、遇到问题的处置能力等方面，将情况摸清楚、问题找到位，一旦发现有现实危险，要坚决更换调离，防止成为"害群之马"。要严格人员管控，军队科研实验任务与保密工作相伴而行，一旦实施，随行保障单位就要始终绷紧安全保密这根弦。特别是科研任务进入关键核心阶段，加强人员管控既是任务所需，也是防间保密之要。为此，要做好内管外控工作，对内，主要是控制好掌握核心秘密人员参加地方活动行踪和交往范围，确保其思想行为不失控；对外，主要是严控人员到核心区域，防止接触到实验任务的数据资料。

三是军地双方要共同负起科研任务中各环节的保密责任。科研活动中，往往要参考引用大量涉密文献资料，并在此基础上形成各种书稿、开发性研究成果和学术论文等，这些事项如未经彻底脱密处理，都会造成泄密隐患，军地双方要加强对本单位人员、办公自动化设备、计算机、移动存储介质、涉密会议、涉密项目协作、涉密外场试验、保密要害部门部位、宣传报道、涉外活动等的管理，制定详细有效的制度，对保密工作进行全方位的跟踪管理，切实做到人防与技防相结合，确保保密工作在每一个环节都有章可循，有法可依。要加强对密件的接收和发送的管理，控制知悉范围，规范涉密文件传阅，严密跟踪公文流转，对密件、密品的制作、传阅、销毁等各环节进行全过程监管，确保每一个环节不出差错。

第三节　健全军民融合项目保密的监督查办机制

建立军民融合工作中的保密监督管理机制。新形势下的保密管理工作，主要是以法制化为特征，以规范定密为基础，以信息系统为重点，以涉密人员规范化教育管理为核心，以国家秘密载体全过程管理为抓手的人防、物防、技防相结合的综合防范体系。开展日常保密监督管理，是确保保密管理长效机制有效运行，防范发生失泄密事件的重要保证。保密监督检查既是保密管理的重要内容、主要措施和手段，也是各级保密工作部门和保密组织的重要职能。军民融合中，建立健全保密监督管理机制，应着重从以下几个方面入手。

一是明确各级监管职能，狠抓监管责任。在现行监管体系架构的基础上，需进一步明确领导责任，细化职责，全面落实保密工作责任制。各级领导首先要以身作则，按照"业务工作谁主管，保密工作谁负责"原则，一级抓一级，层层落实保密工作责任。另外，要落实专（兼）职保密管理人员的职责，以确保各环节都有具体人员监管，真正把保密责任落实到每一个岗位、每一位职工。

二是加强保密培训，提高涉密人员保密意识。保密教育培训是保密工作的一项重要内容。通过持续不断、多种形式的宣传教育，不断增强员工的敌情意识、保密意识和综合防范意识。应根据形势和任务的发展变化，不断研究和改进保密培训教育的内容和重点，提高学习教育的针对性和实效性，确保涉密人员思想认识与时俱进。只有全体涉密人员的保密意识提高了，将日常保密自查工作作为个人的自觉行为，才能确保保密管理长效机制有效运行。

三是准确定密，是确保保密监管的前提。定密不准确，会给保密监督检查造成一定难度。有的单位通常只把收文中定有密级的文件按涉密文件管理，而忽视对自身产生文件（信息）的定密管理。在这种情况下，即使保密工作天天讲、月月讲，也是无的放矢，落不到实处。信息技术条件下，各类文件（信息）的起草、传输、存储、打印都在计算机和网络中进行，如果其中的涉密信息没有按密级文件管理，而将其存放在直接或间接与国际互联网连接的计算机中，失泄密的隐患就会非常大。定密一定要从源头抓起，细化定密依据是基础，要注重三个定密节点，即拟稿人负责初拟密级、部门领导审核、单位定密责任人审批。为此，军、地双方首先应成立定密工作小组，按照国防科技工业国家秘密范围目录，按照军民融合项目中定密的"国家秘密定密事项一览表"，提出保密要点。各有关部门根据一览表范围，制定具体项目产生秘密事项分解表，指定保密责任人，按照国家相关保密规定，对单位的文件和信息进行密级、保密范围、保密期限的统一确定，使定密工作有章可循。只有定密工作到位了，保密监督管理工作才能得到落实。

四是加强信息系统和计算机保密监督检查。军地双方应严格按照保密管理要求，把抓好计算机和信息系统的保密监督管理作为重中之重，强化监管，做到内外网物理隔离，不断提高技术防范水平。要配备必需的计算机信息系统监控软件和硬件，建立完备的规章制度，用高新技术保障信息系统和计算机安全。在严肃信息公开过程中进行保密审查，严格实行相互监督机制，对日常工作信息进行严格监控和审查，确保做好涉密信息系统计和算机的监督管理。

五是强化日常监管，提高保密工作管理水平。军地双方涉密人员、涉密部门，要应定期进行保密自查，并将最容易发生或经常发生违反保密制度或规定的行为作为检查重点，监督检查要力求实现从表象到本质、从显性防护到隐蔽防范的转变，一旦发现涉密隐患和违反保密制度的事故苗头，及时纠正。对保密要害部门、部位和重点人员要进行不定期监督检查，发现问题严肃处理。对重要涉密人员，要及时梳理可能出现的保密薄弱环节，加强动态研究，提出解决问题的对策；要持续开展多层次、经常性的保密检查，及时发现保密工作中的薄弱环节和隐患，并组织相关责任部门进行整改，推动保密管理体系健康有效地运行。

六是加大保密监管与考核执行力度。要制定相关制度，按照不同的监管范围、环节，明确不同的责任，细化考核内容，将保密监督管理层层分解、落实到人，构建"如果不按保密流程办事将寸步难行"的机制。各级领导要亲自部署保密工作，督促检查落实情况，并将保密制度执行情况纳入绩效考核范围，同时实行保密工作"一票否决制"。对不按保密规定和要求开展监管工作或出现违规行为的，要加大处罚力度，除经济处罚外，还应同时发出整改通知书，追究相关人员责任，如果发生严重违法违规的，还需追究部门领导甚至单位主管领导责任。

怎样做好军民融合泄密风险应急处置？泄密风险是军民融合发展中首要的重大风险，一旦发生失泄密事件，其危害严重，势必影响到军民融合大局。为此，及时发现和规避泄密风险尤为重要。首先，要正确认识泄密风险及路径。泄密风险涵盖涉密人员和非涉密人员、涉密场所、涉密信息系统和设备、涉密项目实施等诸多方面。其中，涉密人员的泄密风险管控是重中之重、难中之难，是必须高度重视、下大气力抓好的首要任务。当前，军民融合中的泄密渠道主要有三种方式：一是办公自动化泄密渠道。包括电子计算机电磁辐射泄密；联网（局域网、国际互联网）泄密；用作传播、交流或存储资料的光盘、硬盘、软盘等计算机媒体泄密；计算机工作人员在管理、操作、修理过程中造成的泄密；传真机、电话机、电传机、打印机、文字处理机等都存在着电磁辐射泄密。二是涉外活动泄密渠道。包括涉密单位未经同意接待境外人员参观访问；同境外人士交往时，介绍未公开的秘密事项；未经批准向境外提供涉密资料；外部竞争对手窃密；黑客和间谍窃密等。三是内部人员泄密渠道。包括离职拷贝带走泄密资料；越权访问、随意拷贝、自由外发、设备丢失、操作失误等；内部人员无意泄密和恶意泄密；见利忘义，出卖党和国家秘密。其次，针对泄密风险及三种泄密形式，应建立起一套科学的泄密风险应急处置机制。

一是针对涉密人员泄密风险，加强四个管控。第一，加强学习，从思想上管控泄密风险。要教育涉密人员自觉学习保密政策法规，牢记涉密岗位职责和义务，牢固树立保密责任重于泰山的观念。面对保密工作的严峻形势和各种利益诱惑，引导涉密人员从思想上构筑"防火墙"，做到任何时候、任何情况下，始终保持思想不松懈。第二，守住底线，从道德上管控泄密风险。道德品行决定行为方式。要全面加强对涉密人员职业道德、个人美德的培养和修炼，使之确立正确的人生坐标，保持高尚的人生追求，真正守得住底线。第三，加强约束，从行为上管控泄密风险。引导涉密人员自觉审视行为、严格约束行为，学会独立思考和分析判断是非的能力，自觉戒除泄密风险的各种陋习，自觉置于保密法规制度和保密组织机构的约束之中、监督之下。第四，提升素质，从能力上管控泄密风险。按照保密标准和要求，既要学好、理解透彻应知应会，又要与业务实际结合起来。及时发现和辨别在接触涉密信息、设备、项目时可能造成的风险，提高对各类泄密风险的辨别力。要提高按照保密制度抓落实的执行力，自觉做到不讲理由、不讲条件、不打折扣地落实相关保密要求，力戒简单化、随意性。要提高用新技术防范泄密风险的创造力。不断更新知识，针对新技术不断替代的发展形势，坚持解放思想、与时俱进，在防范泄密风险过程中不断注入新理念

二是针对造成泄密的可能性，提高识别风险能力。准确识别泄密风险是预防失泄密的前提，许多泄密事件，大都因识别能力不强，导致问题发生。军民融合中，因牵扯的环节较多，泄密渠道也就更多，为此，各级领导和保密组织机构要提高预判、预知的能力。第一，要全面把握单位泄密风险的局势。定期召开保密形势分析会，适时研判单位可能发生泄密风险的重点人员、涉密内容、方法渠道和时段特点，真正把单位泄密风险和突破口搞明白、摸清楚。第二，要熟知军民融合项目中存在的保密威胁。特别是有关军事和商业秘密，是国内外敌对势力紧盯的重点，军民双方必须深刻认识到涉密项目中泄密风险和薄弱点有哪些，秘密的攻、防重点是什么，需加强管控的部位在哪里，切实做到心中有数、齐抓共管。第三，要知悉涉密人员的思想行为和泄密渠道。真正摸准单位涉密人员的思想底数，掌握其思想动态，确保人人在组织的管理之中和监督之下。要全程把控涉密载体在军民融合项目中容易发生泄密风险的漏洞和薄弱环节，既清楚自身技术的保密现状，又了解窃密攻击手段，进而加以改

进和有的放失地防范，不断从源头上堵、在技术上封。

三是针对不同泄密渠道，建立相应保密监管机制。针对常见的三种泄密渠道，首先，要建立完善的选人用人机制。涉密人员是发生泄密风险最为关键的因素，只有选准人才能干好事。为此，必须着眼于选、育、管三方面，加强保密队伍建设。选人用人机制，除了政治立场坚定外，必须选定具有一定的计算机基础知识并能熟练运用现代办公设备从事保密管理的人员。要把继续加强教育和培训作为基础性工作来抓，提高保密干部的政治素质和业务能力。选人用人的核心问题是加强管理，要健全和完善用工作制度管人、管事，规范保密工作流程，细化目标责任，从源头防范，牢筑保密工作"防护墙"。此外，还要健全激励机制，关心爱护保密干部，让保密干部有干头、有奔头，充分发挥保密干部的积极性和创造性，真正建立起一支懂政策、懂技术、善管理、负责任，适应军民融合需要发展，适应现涉密资质企业管理要求的保密管理专业化队伍。其次，要健全保密技术监管机制。要将保密技术网络平台建设作为保密技术监管的重要抓手，制定人防、物防、技防等多层次、综合性的安全保密防护措施。要突出监管重点，将涉密与非涉密信息系统和信息设备，实行严格的分级分类管理，明确要求，健全机制，落实责任。着眼涉密计算机网络和设备清理核查工作，制定推进保密技术防护专用系统的监管措施，防止涉密计算机、涉密存储介质违规外联。对涉密程度高、产生秘密多、保密任务重的部门单位，要积极引进外围技术力量，创新监管手段，保证网络运行的安全可靠，努力消除保密管理漏洞和盲区。再次，要加强保密管理平台建设。适应瞬息万变的保密形势，建设先进的保密综合管理平台势在必行。通过保密管理平台，努力实现涉密人员从入职审查、岗位定密、基本信息、岗位变更、出入国境、离职审批及接触的涉密信息等有关信息的自动采集，到涉密载体流转台账自动生成、网络审批自动归档、保密档案自动生成、网络终端自动检测等功能。通过保密管理平台，将涉密载体从产生、定密、制作、发放到回收、归档、销毁等全过程实现有效管理。

　　四是针对可能发生的泄密风险，制定应急处置预案。制定应急预案，提高应急处置能力，对规避泄密风险有指导和补救作用。首先，制定的事前防范预案要详尽。抓好事前预防，是保得住密的前提，应综合单位可能出现的各种泄密渠道，逐项逐条地制定有针对性的防范对策，以确保应急预案的可操作性和灵活性。预案中要明确规定相应人员的职能权限，落实好预案责任、制度和措施，并对各种预案进行演练，以便在遇到问题时能从容冷静地处理。其次，事后防范预案要客观。一旦发生泄密事件，要综合进行泄密风险评估，分析可能产生的影响，判断泄密是否在可允许范围之内，能控制到什么程度。在评估泄密危害时，必须与现有的保密条件结合起来，以把损失降到最低，甚至没有损失。再次，要完善泄密责任追究体制。不管是军工单位还是企业个人，在保密工作上出了问题，都应该严格按照法律法规和党纪政纪追究其责任，根据单位和个人情节的严重与否进行惩处，以警示相关单位和个人，保证各项管理措施有效落实。

第五章
夯实对外交流中的保密举措

第一节　对外科技合作过程中的保密要点

对外提供科技秘密有明确规定。《科学技术部863计划保密规定》中第四章、第二十三条规定：对外提供属于国家秘密文件、资料的，必须按照国家有关对外提供资料的保密规定，由有审批权的部门批准后方可提供。

对外提供科技秘密需要提交申报材料。《国家科学技术秘密持有单位管理办法》第十条规定，持密单位应当提交的申报材料包括：申请审查的公文（含涉外活动内容及必要性说明），涉外活动涉及国家科学技术秘密保密要点的说明，拟知悉国家科学技术秘密的涉外机构、人员情况说明，涉外活动的风险评估、保密措施及泄密应急管理措施等情况说明，拟与涉外机构、人员签订的保密承诺书文本，原定密机关、单位审查意见，其他需要提供的材料。

与国（境）外联合开发应明确保密要求：（1）不得带领境外人员到国家禁止境外人员进入的禁区和涉密部门部位；（2）与境外人员会谈，不得擅自涉及国家秘密，必须按照事先确定的会谈范围和口径谈话；（3）出入境外驻华组织、机构和境外人员驻地或陪同境外人员活动，不得携带国家秘密载体；（4）遇有境外人员来电、来函、采访，拍摄照片、电影、电视、录像片或索要资料，要求提供有关信息涉及国家秘密的，应予拒绝并及时向机关、单位反映情况；（5）在对外交往中，外方以正当理由要求我方为其提供的信息承担保密义务的，我方人员应当做出承诺，为其保守秘密；不得利用境外通信设施进行涉密通信联络，不能使用境外人员使用的办公设备处理涉密信息。

驻外科研机构也要做好保密管理。首先，要严格驻外机构派出人员政审，加强工作人员日常保密教育培训和保密管理。涉及敏感项目（军贸、军工技术项目等）、驻外机构原则上不许雇用当地或外籍人员，确因工作需要雇用的应进行严格审批。办公场所应配备必要的保密设施、设备，场所设备应定期进行保密技术检查检测。涉密载体应严格按照有关保密规定管理。

另外，《外交部暨驻外机构保密实施细则》第十三条规定，国家秘密载体由外交信使（含临时信使）携运至境外后，机关、单位应当到驻外使（领）馆办理签收手续，并指定专人随身携带保管，不得带到与公务活动无关的场所。必要时，可以存放在我驻外使（领）馆或者驻外机构符合安全保密要求的场所。

携带国家秘密载体在境外驻留，应当选择具备安全保密条件的场所；每次离开驻留场所前，应当进行彻底清理，确保不遗留任何国家秘密载体。

携带涉密载体出国（境）应遵守保密规定。携带涉密载体外出，要采取严格的保密措施，使涉密载体始终处于携带人的有效管控之下。参加涉外活动一般不得携带涉密载体，确因工作需要携运涉密载体出国（境），须交由外交信使或者国家保密行政管理部门核准的单位和个人携运。目的地不通外交信使或者外交信使难以携运的，确因工作需要，需自行携运机密级、秘密级载体出国（境）的，应严格履行审批手续，并使涉密载体始终处于有效控制之下。不得携运绝密载体出国（境），不得把密件夹放在托运的行李中托运。携运出国（境）的涉密载体，凡可以由我国驻外使（领）馆或驻外机构代为保存的，应当尽快交其代为保存；不能交使（领）馆保存的，应当采取严格的保密管理措施。

另外，《国家秘密载体出境保密管理规定》第八条规定，机关、单位申请国家秘密载体出境，应当将国家秘密载体送有关主管部门，并提供下列材料：（1）申报审查的公文（含国家秘密载体出境事由及必要性的说明）；（2）国家秘密载体的类型、密级、知悉范围、保密期限的说明；（3）国家秘密载体在境外使用的期限、保密措施、风险评估及泄密应急措施的说明；（4）其他需要提供的材料。第九条规定，对机关、单位提出的国家秘密载体出境申请，具有审批职责的主管部门应当自收到申请之日起10个工作日内完成审查，并经本机关、本单位负责人同意后，做出批准或者不予批准的书面决定。第十条规定，绝密级国家秘密载体原则上不得出境。机关、单位确因工作需要携带、传递绝密级国家秘密载体出境的，由中央有关业务主管部门审查批准。业务主管部门不明确的，由国家保密行政管理部门审查批准。

机关、单位对外交往合作中提供国家秘密事项的，应根据有关保密法律法规，与接受方签订保密协议，要求其承担保密义务。协议的基本内容包括对外提供的国家秘密事项及理由、承担的保密义务、违约责任等。机关、单位任用、聘用境外人员的，应根据有关保密法律法规与接触、知悉国家秘密的境外人员签订保密协议，要求其承担保密义务。协议的基本内容包括需要知悉的国家秘密事项及理由、承担的保密义务、违约责任、协议的法律效力等。机关、单位应指定专门机构和人员对保密协议执行情况进行经常性的监督检查。一旦发现违反协议的情形或存在威胁国家秘密安全的行为，应立即采取有效措施，消除泄密隐患，并依法严肃追究有关责任人员的责任。

第二节　涉外事宜的人员管理

科研人员出国（境）要注意保密要求。主要包括：涉密人员出国（境）应当严格出国（境）审批制度。确需携带涉密载体出国（境）的应当履行审批程序。涉密人员在境外遇到盘问、利诱、胁迫或者其他重大异常情况的，应当及时报告。

1.所有出国（境）人员必须明确出国，了解国内外政治形势，特别是国（境）外的不安全因素，做到预先防范；遵守出国（境）人员纪律及注意事项，做好安全保密工作。

2.按照《中华人民共和国保守国家秘密法》的规定，出国（境）人员一般不得携带内部、秘密文件（含单位打印、复印）资料、图纸、内部报刊或记有内部情况的笔记本，不得携带工作证及内部票据出国（境）。必须带出国（境）的秘密文件、资料，应当按照规定的程序事先经过批准，并备有保密文件箱，指定专人妥善保管或请外交信使携带，严防丢失。

3.在国（境）外期间，不得单独外出或擅自离开行动，如需约见国（境）外亲友或应邀参加境外人员组织的活动时，须十分谨慎。"不得有危害祖国安全、荣誉和利益的行为"（《宪法》第五十四条规定）。在对外交往中，要做到热情而不失立场，谦虚而不失尊重，礼让而不失原则。

4.保守国家秘密。在国（境）外任何场合（含旅馆、车船、飞机内）都不要议论党和国家秘密事项，也不要议论所在国（地区）和第三国的问题；商量对策和交换意见应在有保密条件的地方进行；私人通信、打电话不得谈及内部事宜，不得涉及国家秘密。

5.提高警惕，做好防范，预防意外事件的发生，确保自身安全。为此，出国人员必须：自觉遵守所在国家地区法律、法规、风俗、习惯；不准收听、收看黄色广播、电影、录像；不准阅读、购买黄色书刊；不准出入不正当的娱乐场所；不准参与走私和外汇交易；不准到黑市购买东西；不准吸毒、贩毒和参与赌博。

6.在国（境）外期间，如遭到绑架、威胁或讹诈，不要惊慌失措，要站稳立场，灵活处置，应立即向当地警察报告，并及时设法与我驻外使（领）馆取得联系。

聘用国（境）外人员要进行保密审查。任用、聘用的国（境）外管理人员、科研人员在工作中确需接触、知悉我国国家秘密的，按照"谁主管，谁负责"和"一事一批"原则，报国务院有关主管部门或者省（区、市）、人民政府有关主管部门批准。机关、单位任用、聘用国（境）外人员的，根据有关保密法律法规，与拟接触、知悉国家秘密的国（境）外人员签订保密协议，要求其承担保密义务。机关、单位应指定专门机构和人员对保密协议执行情况进行经常性的监督检查，发现违反保密协议的情形或存在威胁国家秘密安全行为，应立即采取有效措施。

聘用国（境）外人员应注意诸多保密事项。机关、单位对外交往与合作中需要提供国家秘密事项，或者任用、聘用的境外人员因工作需要知悉国家秘密的，应当报国务院有关主管部门或者省、自治区、直辖市人民政府有关主管部门批准，并与对方签订保密协议。

针对对外交往与合作中涉密事项增多、境外人员在国有企业担任高管等情况，本条建立了对外提供国家秘密事项、境外人员知悉国家秘密的审批制度和保密协议制度。

"任用、聘用的境外人员"，是指机关、单位根据工作需要，任用、聘用的具有外国国籍的人员及我国港、澳、台地区的人员。随着我国对外交流与合作的不断深入，许多领域引进境外人才，任用、聘用境外管理人员、科研人员的情况日益增多。这些人员在工作中确需接触、知悉我国家秘密的，应按照"谁主管，谁负责"和"一事一批"原则，报有关机关批准。

科研人员出国（境）考察、进修应遵守保密规定。一是所有出国（境）人员必须明确出国，了解国内外政治形势，特别是国（境）外的不安全因素，做到预先防范；遵守出国（境）人员纪律及注意事项，做好安全保密工作。二是按照《中华人民共和国保守国家秘密法》的规定，出国（境）人员一般不得携带内部、秘密文件（含单位打印、复印）资料、图纸、内部报刊或记有内部情况的笔记本，不得携带工作证及内部票据出国（境）。必须带出国（境）的秘密文件、资料，应当按照规定的程序事先经过批准，并备有保密文件箱，指定专人妥善保管或请外交信使携带，严防丢失。三是在国（境）外期间，不得单独外出或擅自离开行动，如需约见国（境）外亲友或应邀参加境外人员组织的活动时，须十分谨慎。"不得有危害祖国安全、荣誉和利益的行为"（《宪法》第五十四条规定）。在对外交往中，要做到热情而不失立场，谦虚而不失尊重，礼让而不失原则。四是保守国家秘密。在国（境）外任何场合（含旅馆、车船、飞机内）都不要议论党和国家秘密事项，也不要议论所在国（地区）和第三国的问题；商量对策和交换意见应在有保密条件的地方进行；私人通信、打电话不得谈及内部事宜，不得涉及国家秘密。五是提高警惕，做好防范，预防意外事件的发生，确保自身安全。为此，出国人员必须：自觉遵守所在国家（地区)法律、法规、风俗、习惯;不准收听、收看黄色广播、电影、录像;不准阅读、购买黄色书刊;不准出入不正当的娱乐场所;不准参与走私和外汇交易;不准到黑市购买东西;不准吸毒、贩毒和参与赌博。六是在国(境)外期间,如遭到绑架、威胁或讹诈,不要惊慌失措,要站稳立场,灵活处置,应立即向当地警察报告,并及时设法与我驻外使(领)馆取得联系。

接待国(境)外人员参观考察应遵守保密规定。涉及国家科技秘密的科研单位、部位、场所或者项目,一般不得接待境外人员参观、考察。确实因为工作需要,必须安排境外人员参观、考察的,负责接待的单位应当弄清参观、考察人员的情况和目的。事前要按照行政隶属关系把参观的项目、时间、路线,安排参观的理由、参观人员的情况和目的、接待的方案、措施等,报告省、自治区、直辖市的科技主管部门或者中央国家机关各部门的科技主管机构审查批准。

经审查机关批准同意接待时,不得超出批准的范围安排参观涉密项目,不得超出范围介绍情况。整个参观应由专人陪同。不许境外人员参观、拍照、摄像、录音的地方、部位应设置明显的禁止标志。遇有境外人员违反我方要求的,必须劝阻、制止。

另外,涉密人员出国(境)应当严格出国(境)审批制度。确需携带涉密载体出国(境)的应当履行审批程序。涉密人员在境外遇到盘问、利诱、胁迫或者其他重大异常情况的,应当及时报告。

涉密科研人员受聘外资企业应遵守相应保密规定。《科学技术保密规定》第二十九条规定,涉密人员应当遵守以下保密要求:(1)严格执行国家科学技术保密法律法规和规章以及本机关、本单位科学技术保密制度;(2)接受科学技术保密教育培训和监督检查;(3)产生涉密科学技术事项时,先行采取保密措施,按规定提请定密,并及时向本机关、本单位科学技术保密管理机构报告;(4)参加对外科学技术交流合作与涉外商务活动前向本机关、本单位科学技术保密管理机构报告;(5)发表论文、申请专利、参加学术交流等公开行为前按规定履行保密审查手续；（6）发现国家科学技术秘密正在泄露或者可能泄露时，立即采取补救措施，并向本机关、本单位科学技术保密管理机构报告；（7）离岗离职时，与机关、单位签订保密协议，接受脱密期保密管理，严格保守国家科学技术秘密。

国家对涉密科研人员职称评定有哪些特别规定？

《国家科学技术秘密持有单位管理办法》第七条规定：持密单位应当保障涉密人员正当合法权益，不得因其成果不宜公开发表、交流、推广而影响其评奖、表彰和职称评定。对确因保密原因不能在公开刊物上发表的论文，应当对论文的实际水平给予客观、公正评价。

第六章
做好持密单位日常管理

第一节 健全台账管理

建立涉及国家科学技术秘密人员、项目、载体等的管理台账是做好保密管理的基础。根据《国家科学技术秘密持有单位管理办法》规定：持密单位应当记录本单位持有的国家科学技术秘密名称、密级、保密期限、保密要点和知悉范围及其变更和解除情况，并做好国家科学技术秘密档案归档工作。

持密单位应当按照国家有关保密规定，管理涉及国家科学技术秘密的文件、资料、档案、计算机、网络、信息系统和移动存储介质、通信和办公自动化设备、工作场所、保密要害部门和部位、会议和活动等，建立管理台账。

根据武器装备科研生产单位一级保密资格标准规定，单位应当建立保密工作档案，由保密工作机构和业务部门按照职责分工分别建立。档案内容应当完整真实，反应单位保密工作开展的实际情况。保密工作档案应当按照规定保存，保存期限一般不少于3年。

因此在接受科技秘密的同时，就应同步建立管理台账，对人员、载体及科研项目进行全流程管理。建立管理台账应当按照"方便工作，便于查证"的原则建立，按照"业务工作谁主管，保密工作谁负责"明确责任人。

人员管理台账应当包括涉密人员姓名、涉密等级、所属部门、参与的涉密事项清单、联系方式、证件号码等关键信息。配套建立人员政审表、保密承诺书、保密责任书、保密教育培训情况记录，涉密人员因私（公）出国（境）审查审批记录，涉密人员离岗离职管理记录等保密工作档案。

项目管理台账应当包括项目编号、名称、负责人、责任单位、密级、保密期限、知悉范围、保密要点、变更和解除情况等关键信息。配套做好包括项目申报、专家评审、立项批复、项目实施、结题验收、涉密成果转化及奖励申报等各环节的工作档案。

载体管理台账应当包括载体名称、类别、编号、密级、保密期限、知悉范围、责任人、传递、复制、借阅、维修、销毁记录。配套做好相关档案工作。

第二节 加强涉密载体全过程管理

什么是涉密载体？根据《中共中央保密委员会办公室、国家保密局关于国家秘密载体保密管理的规定》规定：国家秘密载体（简称涉密载体），是指以文字、数据、符号、图形、图像、声音等方式记载国家秘密信息的纸介质、磁介质、光盘等各类物品。磁介质载体包括计算机硬盘、软盘和录音带、录像带等。

《中华人民共和国保守国家秘密法释义》进一步明确，纸介质涉密载体，是指传统的纸质涉密文件、资料、书刊、图纸等。光介质涉密载体，是指利用激光原理写入和读取涉密信息的存储介质，包括CD、VCD、DVD等各类光盘。电磁介质涉密载体包括电子介质和磁介质两种类型。电子介质涉密载体，是指利用电子原理写入和读取涉密信息的存储介质，包括各类U盘等；磁介质涉密载体，是指利用磁原理写入和读取涉密信息的存储介质，包括硬磁盘、软磁盘、磁带等。

涉密载体的制作、复制、传递、阅读要强化细节管理。依据《中共中央保密委员会办公室、国家保密局关于国家秘密载体保密管理的规定》第二章秘密载体的制作规定：（1）制作秘密载体，应当依照有关规定标明密级和保密期限，注明发放范围及制作数量，绝密级、机密级的应当编排顺序号。（2）纸介质秘密载体应当在本机关、单位内部文印室或保密工作部门审查批准的定点单位印制。磁介质、光盘等秘密载体应当在本机关、单位内或保密工作部门审查批准的单位制作。（3）制作秘密载体过程中形成的不需归档的材料，应当及时销毁。（4）制作秘密载体的场所应当符合保密要求。使用电子设备的应当采取防电磁泄漏的保密措施。

根据第四章秘密载体的使用规定：（1）涉密机关、单位收到秘密载体后，由主管领导根据秘密载体的密级和制发机关、单位的要求及工作的实际需要，确定本机关、单位知悉该国家秘密人员的范围。任何机关、单位和个人不得擅自扩大国家秘密的知悉范围。涉密机关、单位收到绝密级秘密载体后，必须按照规定的范围组织阅读和使用，并对接触和知悉绝密级秘密载体内容的人员做出文字记载。（2）阅读和使用秘密载体应当在符合保密要求的办公场所进行；确需在办公场所以外阅读和使用秘密载体的，应当遵守有关保密规定。阅读和使用绝密级秘密载体必须在指定的符合保密要求的办公场所进行。（3）阅读和使用秘密载体，应当办理登记、签收手续，管理人员要随时掌握秘密载体的去向。（4）复制秘密载体，应当按照下列规定办理：复制绝密级秘密载体，应当经密级确定机关、单位或其上级机关批准；复制制发机关、单位允许复制的机密、秘密级秘密载体，应当经本机关、单位的主管领导批准；复制秘密载体，不得改变其密级、保密期限和知悉范围；复制秘密载体，应当履行登记手续；复制件应当加盖复制机关、单位的戳记，并视同原件管理；涉密机关、单位不具备复制条件的，应当到保密工作部门审查批准的定点单位复制秘密载体。

依据第三章秘密载体的收发与传递规定：（1）收发秘密载体，应当履行清点、登记、编号、签收等手续。（2）传递秘密载体，应当选择安全的交通工具和交通线路，并采取相应的安全保密措施。（3）传递秘密载体，应当包装密封；秘密载体的信封或者袋牌上应当标明密级、编号和收发件单位名称。使用信封封装绝密级秘密载体时，应当使用由防透视材料制作的、周边缝有韧线的信封，信封的封口及中缝处应当加盖密封章或加贴密封条；使用袋子封装时，袋子的接缝处应当使用双线缝纫，带口应当用铅志进行双道密封。（4）传递秘密载体，应当通过机要交通、机要通信或者派专人进行，不得通过普通邮政或非邮政渠道传递；设有机要文件交换站的城市，在市内传递机密级、秘密级秘密载体，可以通过机要文件交换站进行。（5）传递绝密级秘密载体，必须按下列规定办理：送往外地的绝密级秘密载体，通过机要交通、机要通信递送。中央部级以上，省（自治区、直辖市）、计划单列市厅级以上和解放军驻直辖市、省会（省府）、计划单列市的军级以上单位及经批准地区的要害部门相互来往的绝密级秘密载体，由机要交通传递。不属于以上范围的绝密级秘密载体由机要通信传递；在本地传递绝密级秘密载体，由发件或收件单位派专人直接传递；传递绝密级秘密载体，实行二人护送制。（6）向我驻外机构传递秘密载体，应当按照有关规定履行审批手续，通过外交信使传递。（7）采用现代通信及计算机网络等手段传输国家秘密信息，应当遵守有关保密规定。

涉密载体的管理主要分为以下几个方面。

1.涉密载体的制作。在涉密载体制作时，应当按照保密要求，在原始材料收集、整理、文稿草拟、修改、定稿、印制等环节进行全流程管理，凡是涉及国家秘密的所有材料，均应当标注密级、保密期限和知悉范围，并做好台账登记，明确承办人与责任人。制作过程中应当在本单位符合保密条件的场所制作，无法自行制作的，应当委托取得涉密载体印制资质的单位进行。制作过程中形成的不需要归档的材料，应当及时销毁。涉密载体制作前，需按要求履行相应审批程序，批准后方可进行制作。

不同于纸介质涉密载体制作，对光介质、点磁介质等用作涉密载体的新型介质，要加强介质采购和介质标识的保密管理。一是采取"统一购置"的管理形式。在产品选型和采购阶段，严把"入口关"。二是采取"统一标识"的管理方式，在介质使用前，就对其赋予唯一性的标识（标识并记录存储介质的密级、设备ID号和人工编号等），并以能够明显识别的方式予以标注，如在硬盘、软盘、光盘、磁带、U盘等介质上以标签进行标注，并按所存储信息的最高密级标明密级。在涉密信息生命周期内，以此为依据进行管理，避免介质丢失和恶意替换，同时可提示工作人员，防止涉密介质被不慎带出涉密场所。

2.涉密载体的复印。涉密载体复印前，必须按要求进行相应的审批登记手续，复制绝密级秘密载体，应当经密级确定机关、单位或其上级机关批准；复制制发机关、单位允许复制的机密、秘密级秘密载体，应当经本机关、单位的主管领导批准。复制涉密载体，不得改变其密级、保密期限和知悉范围。复制件应当加盖复制机关、单位的戳记，并视同原件管理。

涉密载体的复印与制作相同，应当在具备复制条件、符合保密要求的场所进行，涉密机关、单位不具备复制条件的，应当到保密工作部门审查批准的定点单位复制秘密载体。

3.涉密载体的传递。涉密载体的传递应当从接到涉密载体、传递路途中、传递结束三个阶段进行管理。

在传递涉密载体之前，首先要按要求履行审批登记程序，明确载体清单、传递人、传递日期等信息。同时，对涉密载体进行包装密封，使用符合保密要求的信封或者袋子，在外标明密级、编号、收发单位名称等必要信息，封口处应当加盖密封章或者贴密封条。

在传递涉密载体时，应当通过机要交通、机要通信或派专人进行传递，并选择安全的交通工具和路线，并采取相应的安全保密措施。传递绝密级涉密载体时，同城传递必须由专人直接传递，送往外地的必须按要求通过机要交通、机要通信递送。如若通过现代通信手段或计算机网络传输涉密电子文件，必须通过相应密级的涉密网络传输，严禁未经审批通过互联网或其他公共信息网络传输涉密电子文件、资料等。在送达涉密载体时，要收文单位做好交接手续，做好记录。

4.涉密载体的阅读。在阅读和使用涉密载体之前，根据涉密载体的密级和制发机关、单位要求，明确知悉范围，经涉密载体管理人及负责人审批后，方可使用与阅读。涉密载体要当面交接，并进行登记、签收手续，明确交接人、载体名称、密级、知悉范围、归还时间及注意事项等。

阅读和使用涉密载体时，要在符合保密要求的办公场所进行，不得横传文件，不得擅自扩大知悉范围，不得未经批准复印、摘抄、留存涉密载体内容。阅读使用期间如需存放保管涉密载体，则应存放在符合保密要求的保密柜中。阅读和使用涉密载体后，应按时归还，并做好交接登记手续。

携带涉密载体外出应严格管理。根据《中共中央保密委员会办公室、国家保密局关于国家秘密载体保密管理的规定》：（1）因工作需要携带秘密载体外出，应当符合下列要求：采取保护措施，使秘密载体始终处于携带人的有效控制之下；携带绝密级秘密载体应当经本机关、单位主管领导批准，并有二人以上同行；参加涉外活动不得携带秘密载体；因工作确需携带的，应当经本机关、单位主管领导批准，并采取严格的安全保密措施；禁止携带绝密级秘密载体参加涉外活动。（2）禁止将绝密级秘密载体携带出境；因工作需要携带机密级、秘密级秘密载体出境的，应当按照有关保密规定办理批准和携带手续。携带涉密便携式计算机出境，按前款规定办理。

因此，一般不要携带涉密载体外出，确因工作需要携带涉密载体外出的，须经主管部门同意，并采取严格的保密措施，使涉密载体始终处于携带人有效监控之下。

原则上不得携带绝密级涉密载体外出，确因工作需要携带的，要经本机关、本单位负责人批准，并指定专人负责、二人同行，采取绝对可靠的措施。禁止携带绝密级载密载体参加涉外活动。

携带涉密载体外出途中，如遇紧急情况，涉密载体安全受到威胁时，应当立即就近请求保密、公安、安全部门或其他机关，单位予以帮助，并尽快与本机关、本单位取得联系，如实报告情况。

做好涉密载体维修、销毁管理是关键环节。根据《中共中央保密委员会办公室、国家保密局关于国家秘密载体保密管理的规定》：（1）销毁秘密载体，应当经机关、单位主管领导审核批准，并履行清点，登记手续。（2）销毁秘密载体，应当确保秘密信息无法还原。销毁纸介质秘密载体，应当采用焚烧、化浆等方法处理；使用碎纸机销毁的，应当送保密工作指定的厂家销毁，并由送件单位二人以上押运和监销。销毁磁介质、光盘等秘密载体，应当采用物理或化学的方法彻底销毁。（3）禁止将秘密载体作为废品出售。

因此，维修和销毁涉密载体，应由机关、本单位专门技术人员负责；需外单位维修的，要由本机关、本单位有关人员现场监督；需要送外维修的，应当送保密行政管理部门审查批准的定点单位进行。

销毁涉密载体，应履行清点、登记手续，经机关、单位主管领导批准后，送交专门的涉密载体销毁机构销毁，禁止将涉密载体当作废品出售。机关、单位自行销毁的，应严格执行国家有关保密规定和标准，确保秘密信息无法还原。

个人暂时留存涉密载体应明确管理细节。根据《中共中央保密委员会办公室、国家保密局关于国家秘密载体保密管理的规定》：（1）阅读和使用秘密载体，应当办理登记、签收手续，管理人员要随时掌握秘密载体的去向。（2）保存秘密载体，应当选择安全保密的场所和部位，并配备必要的保密设备。绝密级秘密载体应当在安全可靠的保密设备中保存，并由专人管理。（3）涉密人员、涉密载体管理人员离岗、离职前，应当将所保管的秘密载体全部清退，并办理移交手续。

因此，未经批准个人不得私自留存涉密载体和涉密信息资料。确因工作需要由个人留存的，应当建立个人台账，内容包括载体等级、留存原因、审批部门或人员、留存期限等内容。个人暂时使用的秘密载体，在工作任务完成后，应及时交还。参加涉密会议领取的秘密载体，会后应交还会议主办单位或返回后交保密办公室保管。

第三节　涉密计算机管理

涉密计算机保密管理有明确的规定。根据《信息系统和信息设备使用保密管理规定》（秘密）：（1）涉密信息设备应当统一采购、登记、标识、配备，机关、单位应当明确涉密信息设备的使用管理责任人。（2）采购用于存储、处理国家秘密的信息设备，应当优先选用国产设备；确需选用进口设备的，应当进行详细调查和认证；不得选用国家保密行政管理部门规定禁用的设备或部件。采购安全保密产品应当选用经国家保密行政管理部门授权检测机构检测、符合国家保密标准要求的产品，计算机病毒防护产品应当选用公安机关批准的国产产品，密码产品应当选用密码管理部门批准的产品。（3）涉密计算机应当采取符合国家保密标准要求的身份鉴别、访问授权、违规外联、移动存储介质使用管控等安全保密措施。（4）任何单位和个人不得有以下行为：将涉密信息设备接入互联网及其他公共信息网络；使用非涉密信息设备存储、处理国家秘密；在涉密计算机与非涉密计算机之间交叉使用存储介质；使用低密级信息设备存储、处理高密级信息；在未采取技术防护措施的情况下将互联网及其他公共信息网络上的数据复制到涉密信息设备；在涉密计算机与非涉密计算机之间共用打印机、扫描仪等信息设备；在涉密场所连接互联网的计算机上配备或安装麦克风、摄像头等音频视频输入设备；使用具有无线互联功能或配备无线键盘、无线鼠标等无线外围装置的信息设备处理国家秘密；擅自卸载涉密计算机上的安全保密防护软件或设备；将涉密信息设备通过普通邮政或其他无保密措施的渠道邮寄、托运。

根据《关于加强党政机关计算机信息系统安全和保密管理的若干规定》，（1）涉密计算机及相关设备维修，应当在本单位内部现场进行，并指定专人全过程监督，严禁维修人员读取和复制涉密信息。确需送修的，应当拆除涉密信息存储部件。（2）涉密计算机及相关设备存储数据的恢复，必须由保密工作部门指定的具有涉密数据恢复资质的单位进行。（3）涉密计算机及相关设备不再用于处理涉密信息或不再使用时，应当将涉密信息存储部件拆除或及时销毁。涉密信息存储部件的销毁必须按照涉密载体销毁要求进行。

因此，加强涉密计算机的保密管理主要包括以下几个方面的要求。

选购配备。（1）原则上应选配经过国家有关部门测评的涉密专用机，没有相关专用产品的，优先选购国产设备；确需选购进口设备的，须经国家有关主管部门检测认可和批准。（2）尽量不要选购具有无线联网功能的计算机；确需选购的，要在投入使用前拆除无线网卡等功能模块。（3）不得配备、安装和使用无线鼠标、无线键盘等具有无线功能的外围设备。（4）启用前，应当进行保密技术检测，确认不存在泄密风险和安全隐患。

　　口令设置。涉密计算机应严格按照有关保密规定和标准设置口令，且应采用多种字符和数字混合编制。处理不同密级信息的计算机，执行不同的口令设置标准。（1）处理秘密级信息的计算机，口令长度不少于8位，更换周期不超过1个月。（2）处理机密级信息的计算机，应采用IC卡或USB Key与口令相结合的方式，且口令长度不少于4位；如仅使用口令方式，长度不少于10位，更换周期不超过1个星期。（3）处理绝密级信息的计算机，应采用生理特征（如指纹、虹膜）等强身份鉴别方式。

　　技术防护。（1）涉密计算机应当通过配备保密技术专用防护系统等方式，采取符合国家保密标准的身份鉴别、访问授权、违规外联监控、病毒查杀、移动存储介质管控等安全保密措施。（2）涉密计算机应安装公安机关批准的国产病毒防护产品，并及时更新升级病毒库。（3）涉密计算机应当存放在安全可控的环境中，并通过使用红黑隔离电源、安装视频干扰器等方式，强化电磁泄漏发射防护措施。（4）涉密计算机不得接入互联网等公共信息网络，不得在涉密计算机与非涉密计算机之间交叉使用存储介质，或者共用打印机、扫描仪等设备。（5）使用人员不得擅自卸载、修改涉密计算机安全保密防护软件和设备。

　　日常管理。（1）粘贴密级标识，按照所存储、处理信息的最高密级，确定绝密、机密、秘密等级，粘贴相应密级标识；标识需由机关、单位统制作，粘贴在设备明显位置；标识内容应包含责任人、密级、设备编号等信息，且与台账保持一致。（2）携带外出审批，确因工作需要携带涉密笔记本电脑外出的，要严格履行审批手续，采取有效保护措施，确保不失控、不被窃。

　　维修销毁。（1）涉密计算机维修，应由本机关、本单位内部专门技术人员负责；确需外单位人员维修的，要在本机关、本单位内部进行，并指定专人全程监督，严禁维修人员读取或复制涉密信息。（2）涉密计算机确需送外维修的，应送保密行政管理部门审查批准的定点单位进行，并在送修前拆除硬盘等信息存储部件。（3）涉密计算机不再用于处理涉密信息或报废时，应当将涉密信息存储部件拆除或及时销毁；销毁时，应严格履行清点、登记手续，交由专门的涉密载体销毁机构销毁。自行销毁的，应当使用符合国家保密标准的销毁设备和方法。（4）不得将未经安全技术处理的退出使用的涉密计算机赠送、出售、丢弃或改作其他用途。

具有无线功能的计算机不能作为涉密计算机使用。根据《信息系统和信息设备使用保密管理规定》，任何单位和个人不得有以下行为：（1）将涉密信息设备接入互联网及其他公共信息网络；（2）使用非涉密信息设备存储、处理国家秘密；（3）在涉密计算机与非涉密计算机之间交叉使用存储介质；（4）使用低密级信息设备存储、处理高密级信息；（5）在未采取技术防护措施的情况下将互联网及其他公共信息网络上的数据复制到涉密信息设备；（6）在涉密计算机与非涉密计算机之间共用打印机、扫描仪等信息设备；（7）在涉密场所连接互联网的计算机上配备或安装麦克风、摄像头等音频视频输入设备；（8）使用具有无线互联功能或配备无线键盘、无线鼠标等无线外围装置的信息设备处理国家秘密；（9）擅自卸载涉密计算机上的安全保密防护软件或设备；（10）将涉密信息设备通过普通邮政或其他无保密措施的渠道邮寄、托运。

因为无线通信使用的是开放式的无线信道，所传输的信号是暴露在空中的，只要使用具有接收功能的技术设备，就可以在用户不知情的情况下，截获通信信息或建立通信链接。涉密计算机如果使用无线网卡，可以自动与互联网或其他具有无线联网功能的计算机连接，相当于把涉密信息放在公共信息网络上，没有任何安全保障，可以被他人任意攻击窃取。涉密计算机如果使用无线键盘，所传输的键盘信息能够被相关的接收设备截获还原，也就是说，在无线键盘上的每一个操作，都有可能清晰地还原在计算机屏幕上。

不能随意拆卸涉密计算机安全软件和应用程序。因为涉密计算机安全软件和应用程序，为涉密计算机存储、处理涉密信息提供安全保障。如防病毒软件可防范计算机感染病毒、"木马"等恶意程序；主机监控与审计软件可对主机非法或入侵操作进行检查；保密技术防护专用系统（"三合一"系统）可监控涉密计算机违规外联，管控移动存储介质交叉使用，并提供外部非涉密信息单向导入涉密计算机的安全通道。

擅自卸载、修改涉密计算机安全软件和应用程序，将造成涉密计算机技术防护措施部分或全部失效，导致技术防护和管控能力下降或丧失，大大增加泄密风险。

涉密计算机携带外出应遵守相关保密规定。依据《信息系统和信息设备使用保密管理规定》，携带涉密信息设备外出，应当经过机关、单位批准和登记，并采取严格保密措施，确保携带过程和使用场所安全。

一般情况下，不要携带涉密笔记本电脑或移动存储介质外出。因工作确需携带外出的，必须经机关、单位主管领导批准。外出前，应当将涉密笔记本电脑和移动存储介质中不需要使用的涉密资料复制到涉密移动存储介质中，并将存储介质留在单位保存，同时使用符合保密标准的工具，对携带的笔记本电脑或移动存储介质中无关的涉密资料进行清除处理。经批准携带外出的涉密笔记本电脑或移动存储介质，应只存储与本次外出相关的资料，并采取强身份认证、涉密信息加密等保密技术防护措施，如通过口令、指纹、智能卡识别等鉴别方式进行认证，避免笔记本、介质遗失或被盗后被非授权使用。外出途中，要采取有效管理措施，确保涉密笔记本电脑及移动存储介质始终处于携带人有效控制之下。

个人的计算机和移动存储介质不能存储、处理涉密信息。根据《中华人民共和国保守国家秘密法》规定，存储、处理国家秘密的计算机信息系统（以下简称涉密信息系统）按照涉密程度实行分级保护。涉密信息系统应当按照国家保密标准配备保密设施、设备。保密设施、设备应当与涉密信息系统同步规划，同步建设，同步运行。涉密信息系统应当按照规定，经检查合格后，方可投入使用。

机关、单位应当加强对涉密信息系统的管理，任何组织和个人不得有下列行为：（1）将涉密计算机、涉密存储设备接入互联网及其他公共信息网络；（2）在未采取防护措施的情况下，在涉密信息系统与互联网及其他公共信息网络之间进行信息交换；（3）使用非涉密计算机、非涉密存储设备存储、处理国家秘密信息；（4）擅自卸载、修改涉密信息系统的安全技术程序、管理程序；（5）将未经安全技术处理的退出使用的涉密计算机、涉密存储设备赠送、出售、丢弃或者改作其他用途。

因此，涉密信息的存储、处理必须使用符合国家保密标准的涉密信息系统，个人计算机和移动存储介质无法按照国家保密规定进行管理，且往往连接过互联网，可能感染计算机病毒，或被植入"木马"窃密程序，存在很大泄密隐患和安全风险，不能用于存储、处理涉密信息。

具有无线上网功能的笔记本电脑为什么不能处理涉密信息？因为具有无线上网功能的笔记本电脑，在开机状态下可自动与无线网络连接，为境外情报机构进行远程控制提供渠道。即使关闭联网程序，也可以使用技术手段通过无线网络将其激活并实现联网，获取信息。无线上网传输信号暴露在空中，可被任何具有接收能力的设备截获，造成泄密。

涉密信息不能在门户网站发布。《中华人民共和国保守国家秘密法》规定，报刊、图书、音像制品、电子出版物的编辑、出版、印制、发行，广播节目、电视节目、电影的制作和播放，互联网、移动通信网等公共信息网络及其他传媒的信息编辑、发布，应当遵守有关保密规定。

互联网及其他公共信息网络运营商、服务商应当配合公安机关、国家安全机关、检察机关对泄密案件进行调查；发现利用互联网及其他公共信息网络发布的信息涉及泄露国家秘密的，应当立即停止传输，保存有关记录，向公安机关、国家安全机关或者保密行政管理部门报告；应当根据公安机关、国家安全机关或者保密行政管理部门的要求，删除涉及泄露国家秘密的信息。

由于门户网站是建立在互联网上的信息发布平台，在门户网站上登载涉密信息，相当于将涉密信息发布在互联网上，这是将不能公开的涉密信息公开发布。

不能通过微信、微博、QQ、电子邮件传递涉密信息。《中华人民共和国保守国家秘密法》规定，机关、单位应当加强对涉密信息系统的管理，任何组织和个人不得有下列行为：（1）将涉密计算机、涉密存储设备接入互联网及其他公共信息网络；（2）在未采取防护措施的情况下，在涉密信息系统与互联网及其他公共信息网络之间进行信息交换；（3）使用非涉密计算机、非涉密存储设备存储、处理国家秘密信息；（4）擅自卸载、修改涉密信息系统的安全技术程序、管理程序；（5）将未经安全技术处理的退出使用的涉密计算机、涉密存储设备赠送、出售、丢弃或者改作其他用途。

禁止非法复制、记录、存储国家秘密。禁止在互联网及其他公共信息网络或者未采取保密措施的有线和无线通信中传递国家秘密。禁止在私人交往和通信中涉及国家秘密。使用微信、微博、QQ、电子邮件传送涉密信息的性质是在互联网及其他公共信息网络中传递国家秘密，并且还属于使用非涉密计算机、非涉密存储设备存储、处理国家秘密信息。

第四节　通讯工具的相关保密要求

普通手机应坚持相应的保密管理。《中华人民共和国保守国家秘密法》规定，禁止非法复制、记录、存储国家秘密；禁止在互联网及其他公共信息网络或者未采取保密措施的有线和无线通信中传递国家秘密；禁止在私人交往和通信中涉及国家秘密。

因此，在使用普通手机的时候，需要做到以下几个方面：（1）不得在手机通话中涉及国家秘密信息，不得使用手机发送国家秘密信息，不得在手机中存储国家秘密信息；（2）不得携带手机等移动终端参加涉密会议或进入涉密活动场所、保密要害部门；（3）不得在涉密场所使用手机等移动终端进行录音、照相、摄影、视频通话和宽带上网；（4）不得将手机等移动终端作为涉密信息设备使用或与涉密信息设备及载体连接；（5）涉密人员严禁在申请手机号码、注册手机邮箱或开通其他功能时填写机关、单位名称和地址等信息，不得在手机中存储核心涉密人员的工作单位、职务等敏感信息，不得启用手机的远程数据同步功能；（6）核心涉密人员、重要涉密人员使用的手机应经过必要的安全检查，尽可能配备和使用专用手机，不得使用未经入网许可的手机和开通位置服务、连接互联网等功能的手机；（7）核心涉密人员、重要涉密人员的手机出现故障或发现异常情况时应立即报告，并在指定地点维修。无法恢复使用的手机应按涉密器材销毁。

加强普通电话、传真、复印、打印机及扫描仪的保密管理至关重要。根据《手机使用保密管理规定（试行）》，涉密人员使用普通手机，应当遵守下列保密要求：不得在通信中涉及国家秘密；不得在手机上存储、处理、传输涉及国家秘密的信息；不得连接涉密信息系统、涉密信息设备或者涉密载体；不得在手机上存储核心涉密人员的工作单位、职务和电话号码等敏感信息；不得在涉密公务活动中开启和使用位置服务功能；在申请手机号码、注册手机邮箱或者开通其他功能时，不得填写禁止公开的涉密单位名称和地址等信息；不得使用未经国家电信管理部门进网许可的手机；不得使用境外机构、境外人员赠送的手机。因此，使用普通电话机、传真机不得谈论或传输涉密信息。传真涉密信息，必须使用国家密码管理部门批准使用的加密传真机。加密传真机只能传输机密级和秘密级信息，绝密级信息应送当地机要部门译发。

非涉密复印机不得复印涉密文件、资料。涉密复印机应安放在符合保密要求的场所，指定专人管理，不得与互联网等公共信息网络连接。启用前应进行保密技术检查检测。

非涉密打印机和扫描仪不得打印、扫描涉密文件、资料。涉密打印机和扫描仪不得与互联网等公共信息网络连接，与涉密计算机连接不得采用无线方式。涉密文件、资料打印应进行审计记录。涉密文件、资料扫描应履行审批程序。

第五节　保密要害部位和场所管理

保密要害部门部位是指，根据《中华人民共和国保守国家秘密法》规定，机关、单位应当将涉及绝密级或者较多机密级、秘密级国家秘密的机构确定为保密要害部门，将集中制作、存放、保管国家秘密载体的专门场所确定为保密要害部位，按照国家保密规定和标准配备、使用必要的技术防护设施、设备。

保密要害部门是指机关、单位日常工作中产生、传递、使用和管理绝密级和较多机密级、秘密级国家秘密的内设机构。保密要害部位是指机关、单位内部集中制作、存储、保管涉密载体的专门场所。保密要害部门、部位要严格按照标准和程序确定，实行"谁主管、谁负责"的原则，做到严格管理、责任到人、严密防范、确保安全。涉及国家秘密较多的省部级以上领导干部办公场所，应确定为保密要害部位。保密要害部门应是机关、单位产生、传递、使用和管理国家秘密的最基层的内设机构。保密要害部位应是集中制作、存储、保管国家秘密载体的最直接的专用、独立、固定场所。

机关、单位确定保密要害部门部位属于法定义务，必须依法严格执行。保密要害部门部位确定工作应当遵循两条原则。一是分级确定原则。中央国家机关及直属单位的保密要害部门部位，由各机关、单位按照相关标准确定，报国家保密行政管理部门审核确认；省级党政机关及直属单位确定保密要害部门部位，报所在省、自治区、直辖市保密行政管理部门审核确认，审核确认情况由省、自治区、直辖市保密行政管理部门备案；中央国家机关下属单位和省级以下机关确定保密要害部门部位，应当依据标准从严掌握，由中央国家机关保密工作机构或省、自治区、直辖市保密行政管理部门组织实施并审核确认。二是最小化原则。保密要害部门应当是机关、单位内部涉及国家秘密事项的最小行政单位，或该行政单位绝大多数内设机构涉及国家秘密事项。要尽可能小到最基层行政部门。保密要害部位应当是制作、存放、保管国家秘密载体的最小专用、独立、固定场所，即最直接的场所。

保密要害部门部位确定工作应当严格掌握标准，严格按照标准和程序进行，既不能错定，也不能漏定。同时，要根据实际变化情况，及时对保密要害部门部位做出调整。

保密要害部门部位要加强管理。保密要害部门部位的管理涉及各地、各部门保密委员会，各级保密行政管理部门，保密要害部门部位所在机关、单位保密委员会及保密要害部门部位的党政领导。按照分级管理和"谁主管、谁负责"的原则，保密要害部门部位的管理职责分为三个层次。

一是各级保密委员会和保密行政管理部门的职责。各地区、各部门保密委员会是党管保密的专门组织，是保密工作的领导机构，对保密要部门部位管理负有知道、监督和检查的责任。保密行政管理部门既是保密管理的职能部门，也是各级保密委员会的办事机构，对保密要害部门部位同样要负起指导、监督和检查的责任。保密要害部门部位确定到哪里，保密管理就要跟踪到哪里。其管理对象是涉密单位和保密要害部门部位。而国家秘密的直接管理责任，在产生、使用和经管国家秘密的机关、单位。

二是保密要害部门部位所在机关、单位保密委员会的职责。保密要害部门部位所在机关、单位保密委员会对保密要害部门部位的管理负有组织领导责任，包括组织保密要害部门部位的确定和调整，组织制定保密制度措施，进行涉密资格审查，组织保密教育培训，定期组织保密检查，与保密要害部门部位负责人签订保密责任书等等。

三是保密要害部门部位主要领导的职责。保密要害部门部位的主要领导是本部门部位的直接管理者和具体责任人，对本部门部位国家秘密安全负有直接管理责任。主要职责是结合本部门部位实际，制定具体保密管理制度和防范措施。建立岗位责任制，把保密责任落实到岗，落实到人，并对制度落实情况及人员教育管理、监督考核等全面负起责任。

这三层职责层层衔接，形成比较完整的管理体系。只要层层抓好落实，保密要害部门部位的保密管理水平会大大提高。

同时，保密要害部门部位管理包括人员管理、场所管理以及设施、设备使用管理和技术防护设施、设备配备管理等。经中办、国办转发的管理规定，对保密要害部门部位管理提出了明确要求，既是保密要害部门部位的建设标准，也是管理标准，是实施管理的具体操作依据。保密要害部门部位所在机关、单位应当严格按照有关规定，认真落实，切实加强对保密要害部门部位的管理。

一是人员管理。在人员管理方面，保密要害部门部位工作人员上岗前应当经过保密审查和保密培训教育，审查合格的应当要求其签订保密责任书，并定期进行在岗保密教育培训和考核。保密要害部门部位工作人员不得擅自离职或因私出境，经批准离职的应当实行脱密期管理，并签订保密承诺书。同时，保密要害部门部位工作人员因履行保密义务使相关权益受到限制的，有关机关、单位应当以适当方式予以补偿。

二是场所管理。在场所管理方面，保密要害部门部位必须具备完善可靠的安全保障条件，所在办公场所应加强安全防范措施，确定人员进入范围，严禁无关人员进入。对进入保密要害部门部位的工勤人员，应有严格的保密监督管理办法。

三是设施、设备使用管理和技术防护措施、设备配备管理。在设施、设备使用方面，保密要害部门部位使用的信息设备，应当符合相关保密管理规定和保密技术标准。使用前，要进行保密技术检查检测。使用进口设备和产品，应进行安全技术检查。禁止使用无绳电话和手机，未经批准不得带入有录音、录像、拍照、信息存储功能的设备。在技术防护方面，保密要害部门部位要按照国家保密标准强制配备必要的技术防护设备，提高安全防护水平。

涉密科研场所应采取有效措施，防窃听窃照。保密要害部门、部位所在办公场所，应加强安全防范措施，根据实际需要安装电子监控、防盗、报警等保密安全装置，配备值班警卫人员。涉密场所常见的窃听方式包括：有线搭线窃听、无线窃听（包括无线窃听器、手机窃听、智能终端窃听等）、激光探测窃听、定向探测窃听等。防止有线窃听，可通过建设专用电话网、采用光纤传输等方式进行防范；防止无线窃听，可通过建设电磁屏蔽室等方式进行防范；防止激光窃听，可通过加装能够阻挡激光的遮盖物或安装语音干扰装置等方式进行防范；防止定向窃听和振动窃听，可通过限制声源大小、实施隔声防护和管道消声、布置声掩蔽装置等方式进行防范。

涉密场所常见的窃照方式包括间谍卫星窃照、高空侦察机窃照、照相器材窃照、手机窃照和专用小型设备窃照等。针对间谍卫星、高空侦察机对场所景象、建筑布局结构、大型设备等的窃照，可采取伪装技术手段进行防范；针对照相器材、手机、专用小型设备等的窃照，可采取出入口控制（门禁）、视频监控等控制手段和微型电子设备检测、金属探测等检查手段进行防范。

涉密场所常见的电磁泄漏发射方式包括传导发射、辐射发射、耦合发射等。针对电磁泄漏发射，涉密设备分散、涉密程度高的场所，可采用低泄射计算机进行防护；涉密设备集中、涉密程度高的场所，可采用建设电磁屏蔽室、配置电磁屏蔽机柜的方式进行防护；处理机密级及以下密级信息的设备，可采用配备视频干扰器的方式进行防护。

涉密科研场所的计算机不能安装和使用音视频输入设备。根据《中共中央保密委员会办公室、国家保密局关于保密要害部门、部位管理的规定》，保密要害部门、部位禁止使用无绳电话和无线移动电话，未经批准不得带入有录音、录像、拍照、信息存储等功能的设备。

涉密场所是集中制作、使用、存放涉密载体和处理涉密信息的地方。因各种原因，有的涉密载体可能临时摆放在办公桌上，工作人员的谈话可能涉及国家秘密内容。

涉密场所中连接互联网的计算机如果配备和安装视频、音频输入设备，境外情报机构就可能通过互联网远程控制这台计算机，启动视频、音频输入设备对涉密场所进行窃照、窃听，造成泄密。

另外，有的笔记本电脑内也配置了具有音频输入功能的麦克风，在开机并连接互联网的状态下，也可能会将谈话内容泄露出去。正因如此，有的国家

（如俄罗斯）就明令禁止涉密办公室内的计算机连接互联网，禁止在涉密场所、部位的计算机上安装视频、音频输入设备。

他人进入涉密场所应该履行保密程序。根据《中共中央保密委员会办公室、国家保密局关于保密要害部门、部位管理的规定》，保密要害部门、部位应确定进入人员范围，安装身份鉴别装置或采取其他控制人员进入的措施，严禁无关人员进入；对进入保密要部门、部位的工勤人员，应有严格的保密监督管理办法。

因此，涉密场所要明确进入人员范围，严格禁止无关人员进入，单位其他部门人员因工作需要进入涉密场所，需要经涉密场所负责人批准，并做好登记工作《内部人员进出保密室登记表》，外来人员因工作需要进入涉密场所，应填写《外来人员进入要害部位审批表》，并做好登记工作。

要加强涉密科研场所变更中的保密管理。根据《中共中央保密委员会办公室、国家保密局关于保密要害部门、部位管理的规定》，各机关、单位应根据情况变化适时对保密要害部门、部位做出调整，并报相应保密工作部门确认或备案。中央、国家机关及直属单位的保密要害部门、部位由各机关、单位确定，报国家保密工作部门确认。省级机关及直属单位的保密要害部门、部位由各机关、单位确定，报所在省、自治区、直辖市保密工作部门确认，并报国家保密工作部门备案。

当已经确定的涉密场所，因内部情况变化需要变更或者撤销时，由涉密场所所在部门提出书面变更或者撤销理由，填写《涉密场所变更、撤销审批表》，经保密办公室审核，公司分管保密工作负责人、保密工作领导小组批准后，予以变更或者撤销。

承办涉密科研会议、活动应加强保密管理。根据《中华人民共和国保守国家秘密法》规定，举办会议或者其他活动涉及国家秘密的，主办方单位应当采取保密措施，并对参加人员进行保密教育，提出具体保密要求。

同时承办单位要按照主办单位的要求，提供安全保密的环境、设施和设备，并对工作人员进行保密教育，明确工作人员的保密责任，要求其做好保密保障服务工作。

涉密科研会议、活动场所应采取保密措施。根据《中华人民共和国保守国家秘密法实施条例》规定，举办会议或者其他活动涉及国家秘密的，主办单位应当采取下列保密措施：（1）根据会议、活动的内容确定密级，制定保密方案，限定参加人员范围；（2）使用符合国家保密规定和标准的场所、设施、设备；（3）按照国家保密规定管理国家秘密载体；（4）对参加人员提出具体保密要求。

因此，涉密会议、活动应在符合保密要求的场所进行。会场及设施、设备应经保密技术检查检测。会场内应加装移动通信和无线网络屏蔽设备。携带、使用录音、录像设备应经主办单位批准。不得使用对讲机、无绳电话、无线话筒、无线键盘、无线网卡等无线设备或装置，不得使用不具备保密条件的电视电话会议系统。

第六节　涉密活动管理要点

参加涉密科研会议、活动要遵守保密要求。根据《中华人民共和国保守国家秘密法》规定，举办会议或者其他活动涉及国家秘密的，主办单位应当采取保密措施，并对参加人员进行保密教育，提出具体保密要求。

1.对涉密活动的参加人员的要求：（1）主办单位应根据会议、活动涉密程度和工作需要，确定参加人员范围，审核参加人员资格，登记参加人员姓名、单位、职务等情况，并保存相关材料。（2）主办单位应对参加人员（含列席人员以及工作、服务人员）进行保密教育，要求参加人员妥善管理涉密文件、资料和其他涉密载体，不得擅自记录、录音、摄像和摘抄，不得擅自复印涉密文件、资料等。

2.涉密会议文件、资料的管理

会议前，涉密文件、资料和其他涉密载体要准确确定密级，并按照涉密文件管理要求统一登记、编号。发给代表的涉密载体，要严格履行签收手续，注明是否会后收回等保密要点。

休会期间，需要收回的涉密文件、资料和其他物品，要明确专门人员集中清理收回和妥善保管。

会议结束后，注明"会后收回"的，要及时收回，不能让与会人员自行带走。

允许与会人员自带的涉密文件、资料和其他物品，要明确规定回到机关、单位后及时交机关、单位保密室保管，个人不得留存，并向与会人员所在机关、单位发出会议涉密文件、资料和其他物品清单，要求机关、单位按照清单如数收回。

明确规定秘密会议内容的传达范围。

不允许与会人员自带的涉密文件、资料和其他物品，如需发给与会者单位的，应通过机要交通或机要通信部门寄发。

在离开会议驻地前，要对会议驻地进行全面检查，防止文件、资料和其他物品遗留在会议驻地。

3.接受新闻记者采访有保密要求。涉密会议、活动应严格对采访报道的内容进行保密审查，接受采访或公开报道应当经过批准，未经主办单位审批，不得公开宣传报道。对是否涉密界定不清的，应逐级报有权确定该事项密级的上级机关或保密部门审查确定。严防在宣传报道中泄密。

第七章
重视泄密风险排查

第一节　涉密风险确定

泄密风险指的是通过网络应用攻击、内部失窃、物理性损失、恶意软件、拒绝服务攻击、网络间谍黑客、其他错误方式使得国家秘密超出了限定的接触范围，被不应知悉者知悉的泄密行为发生并产生不可预见性后果的科研目的与科研成果之间的不确定性。在科研领域更多是指，所产生的科研成果出现泄密的不确定性。

1.确定泄密风险等级。构建评估指标体系：由于影响保密工作风险的因素非常复杂，评估指标体系的构建就是最大限度地确定这些影响因素，以及综合考虑各种影响因素以及它们之间的相互作用。因此在确定泄密风险等级之前，构建评估指标体系必不可少。而构建指标体系的主要工作是评估指标的选取，故在选择保密工作风险评估指标之前，必须先确定选择评估指标的原则与方法，然后通过分析保密工作风险评估的任务与要求，才能选择出可信度较高的保密工作风险评估的指标。

2.构建风险度量的模型。为确定整个系统的综合保密风险水平，需要先确定各级指标给系统带来的风险，然后将各级产生的风险逐层向上综合。一般而言，一个保密系统的密件数量越多，泄密风险等级越高；密件等级越高，泄密风险等级越高。类似的，一个保密系统的涉密人员越多，泄密风险等级越高；涉密程度越高，泄密风险等级越高。

3.确定评价等级。依据相关标准的要求，为涉密风险客观分级。

4.逐步优化、不断修正。由于认知上的差异，不同的人所建立的评估体系会有所差别，所以需要对保密风险影响因素做更深入、全面的分析从而建立更加合理、优化的泄密风险评价方法。

5.科研工作中的主要泄密风险。科研人员个人信件交往泄密风险，特别是电子邮件；学术会议同行交流泄密风险；论坛、博客、期刊论文中无意泄密；网络信息搜索、数据库信息检索被监控；科技查新信息被泄密盗用；数据库、信息平台内外无别；对身边情报间谍无意识，无防备；科学家被列入黑名单监控；个人电脑、手机、U盘文件被盗；网络传送文件被拦截，个人数字图书馆被远程入侵。

6.科学技术秘密持有单位保密检查。按照《国家科学技术秘密持有单位管理办法》第十二条规定，科学技术秘密持有单位应当每年至少开展一次保密自查，发现问题及时纠正；应当依法接受和配合科学技术行政管理部门及保密行政管理部门组织开展的保密检查，如实反映情况，提供必要资料，并依照整改要求，制定整改措施，按期整改落实。

第二节　人员是失泄密管控的关键

人是管控泄密风险的决定性因素。统计数据显示，98％的泄密风险是人为造成的。涉密人员的行为是否正确、是否到位，决定着泄密风险管控的成效。由于人们对风险的认知依赖于主观的感知，是复杂的信息再加工的结果，所以风险认知具有强烈的主观特征，这决定了风险因素中人的重要性。这些风险因素主要包括：认识不高，意识淡化。利益驱动，重利轻义。良莠不分，交往过当。在风险管理中，只有充分地认识和重视人的因素的作用，"人防物防科技防，人防第一"，才能够客观地认知风险，在管控模式、制度规则、技术手段之外，更要注重保密思想防线的建设，去除人为泄密隐患和安全漏洞滋生的土壤。

科研人员要自觉接受保密检查。当今，我国正向"信息社会"加速转型。"信息社会"既是当今社会基本特征之一，也是全球化的历史进程，我国也已正式将"信息社会"纳入经济社会发展的整体部署。同时，国际和周边环境的日益复杂和多变，信息化发展的不断加速，使得国家安全面临越来越严峻的挑战，科技创新能力的竞争已经成为国家综合国力竞争的决定性因素。做好新形势下的科研保密工作，不断创新保密工作管理方式方法，对于保障国家安全和国家利益尤为重要。

当前的科研保密面对着两大客观困难：保密对象和保密过程。一方面，科研保密对象趋于复杂：一是定密的即时性要求提高；二是对保密载体和形式的要求提高，对涉密介质的加密技术以及使用规范都提出了更高的要求，但是存储载体的使用无法有效做到可控、可管、可查。另一方面，科研活动过程难以管控：科研机构管理松散，科研主体保密意识不强，科研机构管理松散和科研主体多元繁杂，机构之间管理要求各异。科研过程中内外网存在信息交换的需要，而其带来大面积的病毒和木马隐患。同时，相应的规章制度不够完善，没有及时针对新的状况完善和补充。

在科研活动中，涉密人员是保密活动的主体。在保密的客观因素受到诸多限制的情况下，就更要从保密人员的主观意识角度着手进行保密管理。科研人员自觉接受保密检查不仅是科研人员的责任，更是对国家利益负责。建立保密意识牢固、保密技术精湛、管理能力突出的管理队伍，是科研保密管理得以顺利开展的基本保障，是开展重大科研活动的必备条件。故而，科研人员自觉接受保密检查具有十分重要的理论意义和现实意义。

涉密科研人员要做好经常性的保密自查自评。涉密科研人员要充分意识到保密的重要性，积极配合单位保密检查工作，不能推诿，不要遮丑，不当鸵鸟，经常性开展自查自评工作。在开展业务工作的同时，对保密自查自评活动在频率上不能放松，要从根本上把握易泄密的原因，用好方法，尽可能做到从根源上杜绝解决失窃密隐患。

涉密科研人员要做好保密自评自查工作，具体来说：第一，要准备充分。结合近年来该机关、单位保密检查存在的问题及整改情况，提前分析研判自身业务工作可能存在的保密管理隐患关键点，为更深入、更有针对性、更有效地开展自查自评做好准备。第二，保密自查自评工作必须聚焦重点问题，涉密科研人员应按照自身的涉密等级与保密工作要求，自觉把保密法规转化为严格的保密自觉自律意识，紧扣保密工作重点和泄密频发领域，深入结合涉密人员保密管理工作的有关规定，找准问题，有的放矢。第三，要善于归纳总结，以自查促改进，进一步把保密自查自评工作抓细、抓实。这样才能提升涉密科研人员的保密基本防控能力。

风险排查有重要标准。

（1）明确审查范围：盯住"三密"。科研成果保密审查，是指根据保密法律法规的规定，按照一定的原则、标准和方法，对拟公开的科研成果是否涉密进行审视、检查和判定的过程。科研成果保密审查的对象是拟公开发表的科研成果，核心是对涉密与否的认定，本质是处理好"保密"与"公开"的关系，通过保密审查这道安全阀，将秘密保住守好，将不需要保密的科研成果及时公开，达到既保护秘密安全又促进科研信息资源合法公开与利用的目的。根据国家、军队保密规定和要求，科研成果保密审查范围主要涉及国家秘密、军事秘密和工作秘密，即确保"三密"不泄露。

（2）全面直接审查，活用"三法"。科研成果保密审查是一项具体而细致的工作，在坚持保密审查原则的基础上，应采取直接审查法，即逐字句审查成果全部内容，确保审查结论的客观性、可靠性和准确性。具体方法主要有三种：对照查检法，来源核查法，内容分析法。

（3）依法规范审查，坚持"四原则"。根据我国保密法律和我军保密法规制度以及保密审查所要达到的目的，科研成果保密审查应坚持法规性原则、利益性原则、关联性原则和危害性原则。

如何查找泄密风险和隐患？查找泄密风险和隐患首先需要计算机泄密的主要技术途径。例如，计算机泄密的途径主要包括电磁波辐射泄漏、计算机网络泄密（网络窃听、恶意软件攻击等）。存在风险和隐患，说明防范措施不到位，从防范措施依次入手，总能找到风险与隐患所在。从技术层面来讲，是否合理运用相对成熟的网络安全技术，以及这些技术的漏洞，就是问题的切入点，现在广泛运用的网络安全技术主要有：数据加密技术、基于数字加密技术的数字签名技术、防火墙技术、防病毒技术、入侵检测技术、漏洞扫描技术等。从管理层面来讲，操作系统、应用和网络结构的安全防护需要注意。

查找泄密风险和隐患的方法包括：（1）违规接入发现和违规外联发现：在已实现物理隔离的内网或涉密网内，通过网络型安全保密管理系统能够发现被管理的终端用户非法自行建立通路连接非授权网络的行为。（2）违规USB设备使用发现和屏蔽：通过对当前系统内USB键的实时分析和检索，如果发现与预定义合法USB线索不一致的情况，则在服务器端产生报警信息，并通过更新客户端注册表文件的方法，阻止终端应用该违规USB设备。（3）违规处理涉密文件发现：使用什么文件检查系统实时按照预先设定的涉密关键词信息对上述位置的文件信息进行分析和检索，如果匹配成功，则能够确定用户在违规操作涉密文件并将其行为上报至安全保密管理员，同时通过终端代理程序，将用户系统桌面锁定，阻止涉密行为进一步扩散。

泄密风险排查要与科研工作紧密结合。科研人员是科研工作的核心，科研人员应当学会涉密风险排查，要严格遵守国家保密法律法规。坚持科研保密防御与科研业务工作同步，进而有效减少科研成果被敌对势力窃取的概率，降低涉密风险。（1）科研人员应当注意保留与秘密信息有关的文件资料，以便将来即使科研成果被侵犯窃取，也可以为诉讼提供证据。（2）科研人员还应该掌握一定的反泄密能力。要了解可能存在泄密的情况，要杜绝因发言不慎、发文不慎、垃圾处理不慎、合作不慎等导致的泄密情况的发生。（3）科研人员尤其要重点关注信息与网络安全。"涉密不联网，联网不涉密"这是保证科研成果安全的一个重要的前提。在科学实验、传递、储存信息时，尽量保证使用国有自主可控技术装备，这是防止涉密的一个重要保障。（4）科研人员要严格遵守签订的保密协议，并谨记保密培训和保密教育内容。科研人员要对保密内容守口如瓶，确保科研成果的知悉范围处于最小的状态，这样就能有效做到涉密风险排查。

第三节 加强风险评估

科学进行泄密风险评估是前提。信息系统面临着各种各样的威胁,为了减少这些威胁的可能性,减少安全事件所造成的损失,信息安全风险评估是有效的实施途径,它有助于识别组织或系统的信息安全保密环境,发现系统存在的安全问题及引发这些安全问题的因素,了解系统的安全需求,分析安全保密策略与实际需求的差距,以促进适合系统的安全策略及管理和实施规范制定,做到及早化解泄密风险,提高信息安全性。

进行泄密风险评估最主要的方法是定性定量相结合的风险分析方法。所谓定性方法就是凭借分析人员的经验和知识,以及国际国内的标准或做法,基于风险管理因素的大小或程度的定性分类,以确定风险概率和风险的后果。而定量方法是采用能够描述风险程度的数字指标来量化安全风险的结果。通常采用定性和定量结合的方式以克服定性方法主观性太强的缺点,又能解决定量数据不易获取的问题。

一些传统的分析法比如层次分析法、因果分析法、危险性分析法、故障树分析法、概率风险分析法、事件树分析法、危害性分析法等也可以视实际情况结合采用。

管控和化解泄密风险的主要方法和措施有很多。管控和化解揭秘风险工作涉及方方面面,是一个系统工程。从大类来看主要分为技术层面和人员管理层面。首先,需要广泛运用相对成熟的网络安全保密技术,例如包括采用物理隔离技术确保信息系统的物理安全;采用加密技术,确保信息传输和内容安全;采用审计和检查技术,确保系统安全可靠运行和实现事后审计追踪安全隐患。

其次,涉密人员的能力、技术水平直接关系对泄密风险管控的水平,其对管控和化解泄密风险的经验也很重要。需要加强研究,提升素质,掌握信息安全和保密防范技术,从能力上管控泄密风险。

最重要的是,所有泄密,尽在人为;是否泄密,因人而异。涉密资质单位应加强对人员的保密教育管理，保证保密措施到位，每个员工特别是涉密人员都能具备强烈的自我管控意识和正确的行为规范，就能降低泄密风险，防范泄密发生。需要加强学习，保持清醒，从思想上管控泄密风险。自觉加强保密基础理论、保密政策法规学习，熟悉和牢记涉密岗位职责和义务，及时了解和掌握有关保密动态，真正从思想上绷紧保密这根弦。需要加强修养，守住底线，从道德上管控泄密风险。加强约束，革除陋习，不断审视、矫正、约束自己，从行为上管控泄密风险。

有的风险和隐患反复出现，应加强防范。隐患和风险反复出现的主要原因包括：首先，科研机构在保密管理上存在着一些漏洞和薄弱环节。例如对涉密科研项目的保密管理制度不是很健全，相关的保密管理措施不完善，相关科研人员对保密管理方面的执行力不够，以及在定密、载体管理等环节存在漏洞等。其次，有的研究人员对保密认识存在误区，或缺失保密行为。例如保密意识淡薄：携带秘密载体出门，导致泄密；又或存在着故步自封的心态，认为信息化装备的保密技术不如老装备。而这种心态往往会导致在面对窃密情况时更为被动。至于保密行为的缺失也有很多事例，例如有的科研人员对外发布和交流涉密科研成果，未经保密审查，私自留存涉密科研项目资料，造成泄密；有的科研人员没有意识到自己所参加的项目涉及国家秘密，而将其作为自己的研究成果提供给他人，造成泄密等。以上问题如果不加以改善，隐患和风险反复出现的概率就依然存在。

在防范隐患和风险反复出现方面，应该做到如下几点。

首先，科研人员应认真学习遵守《中华人民共和国保守国家秘密法》及相关法律法规，绷紧保密这根弦。造成重复泄密的一个重大原因是泄密人员存在侥幸心理，思想麻痹。作为科研人员应当意识到对科研成果及其他重要信息进行保密的重大意义，切实保护好自己知晓的保密信息，克服无助心理、钝化心理、逆反心理、迁移心理。

其次，加强保密技能学习，提高防范意识，明确保密工作的重要性，增强保密工作的责任感。科研人员的计算机中含有大量保密信息，这使计算机处于网络攻击窃密的危险之中。科研人员应认真落实计算机信息系统等方面的保密规定，避免因无知造成大量科研泄密案件。

最后，要做到举一反三，及时汲取之前案例的教训。可以通过对典型泄密个案的详尽剖析，把握发生科研泄密个案的主客观原因，避免同类泄密案件再次发生。

第四节　做好"八小时以外"的保密工作

科研人员应规范"八小时以外"的保密行为。保密链中最薄弱的环节是人，保密工作应以人为本。在科研工作愈发受到重视的今天，保密工作要做到位，才能使得科研成果发挥出它的真正效益。

科研人员做好"八小时以外"的保密工作，一定要参与到保密培训、保密检查等活动中去，从而强化保密意识，提高保密能力。

在参与培训的过程中，科研人员应了解保密形势，了解保密法律法规，了解保密技术防范知识，了解泄密案例及其危害。认真听取保密整改建议，并在工作中迅速落实。要学会懂保密、会保密、善保密。完成科研人员从被动接受保密到主动要求保密的转变。但科研人员应注意，不要从"无密可保"的极端走向"处处是密"的极端，认为科研项目之中处处都要保密，甚至网上公开的文档资料不敢下载，打印机不敢使用，影响了正常科研工作的开展。科研人员需时时铭记什么是国家秘密，哪些文档资可以公开。该"保"的必须保住，该"放"的也要适度开放。

科研人员也要规范自身行为，以实际行动做好保密工作。科研人员要"细心"。考虑问题要周详，在涉密信息流转等事项中，要注意做好防护措施，把功夫下到细节中去，严防失泄密事件发生。科研人员要"耐心"。保密工作是一项基础性、长期性的工作，不可能一蹴而就。在"八小时"外，就需要科研人员耐心地时时践行保密行为，从而形成对涉密事件严格保密的规范行为。

科研人员要有意识地培养自己的保密行为。一定要时刻绷紧保密这根弦。做到守口如瓶、忠诚可靠。开口前要三思，权衡利弊。对自己说出的话要负责任。科研人员不妨制作一份"涉密事项小贴士"放在手边，从而不管是在"八小时之内"还是之外，都能随时对照着看、稳妥着办。即便在"八小时之外"，涉密资料也一定不能随意存放；对上网计算机、工作计算机及涉密计算机的使用也要规范；涉密资料的打印、刻录、销毁等一刻不能松弛。

当然，这些只是一些具体化的建议。科研人员要做的是发掘更多规范自己保密行为的路径，并在这些具体化的行为中，培养出习惯性的保密行为。

科研人员在社交活动中要严格防范泄密。首先科研人员要树立与时俱进的保密工作观念。新形势下，保密工作呈现出新的特点，我们要牢固树立符合时代要求的保密工作观念，去除"有密难保""无密可保"的思想。在思想上高度重视保密工作，充分认识到保密的重要性和泄密途径的广泛性，强化日常生活中的保密工作。特别要注意不在移动电话中谈论秘密事项；不在公开场所和社交活动中，不在亲友、家属、子女及其无关人员面前谈论党和国家机密。充分认识信息发布后可能带来的负面影响。提高个人隐私保护意识，注意个人生活和业务工作本身存在千丝万缕、不可割裂的关系，对生活圈、朋友圈、娱乐圈等不明身份人员多加防范，对新型社交网络的传播特点进行全面认知，特别是在涉外交往中多一些警惕，坚持洁身自好，避免落入境外间谍情报机关布置的陷阱。

第八章
提升应急处置能力

发生疑似泄密案件怎么办？《国家科学技术秘密持有单位管理办法》第十三条规定：持密单位应当制定泄密应急预案，一旦发现本单位持有的国家科学技术秘密可能泄露或者已经泄露，应当在24小时内向业务主管部门、科学技术行政管理部门和保密行政管理部门报告，同时启动应急预案，并协助有关部门查处泄密事件。

发现泄密案件如何报告？发现泄密案件及时报告是国家工作人员和其他公民的法定义务。根据《保密法》第三章第四十条规定，国家工作人员或者其他公民发现国家秘密已经泄露或者可能泄露时，应当立即采取补救措施并及时报告有关机关、单位。报告人员一旦发现有违反国家有关保密法律法规，使国家秘密被不应知悉者知悉，或者超过限定的接触范围，而不能证明未被不应知悉者知悉的行为时；或者发现有关行为和事物极有可能泄密，如发现所经营管理的国家秘密载体遗失或失控，在公共场所拾到涉嫌泄密的文件、资料和物品，在互联网或其他公共信息网络上发现涉嫌涉密信息时，都应当按照规定尽快采取本人认为能够避免或减轻泄密危害的补救措施，如，当场制止泄密行为，迅速报警，协助查找或保护丢失、被盗的国家秘密载体。

发现人在报告时应本着就近和迅速的原则，及时向有管辖权或处理权的机关或单位口头报告，并配合做好补救措施和取证工作。所有泄密案件在发现后24小时内应书面上报主管部门的保密工作机构或保密行政管理部门。

报告泄密案件应当包括以下内容：（1）被泄露国家秘密事项的内容、密级、数量及载体形式；（2）泄密案件的发生经过；（3）泄密责任人的基本情况；（4）泄密案件发生的时间、地点及经过；（5）泄密案件造成或可能造成的危害；（6）已进行或拟进行的查处工作情况；（7）已采取或拟采取的补救措施。

泄密案件报告制度是确保国家秘密安全、监督保密义务有效履行的重要制度之一，依法及时报告泄密案件是每个国家机关工作人员和普通公民，以及发生泄密案件的机关、单位的法定责任和义务。不按规定程序和内容要求及时报告泄密案件的单位和个人要承担相应的责任。根据《报告泄露国家秘密事项的规定》，对发生泄密事件隐匿不报或故意拖延报告时间，造成严重后果的，应当追究有关机关、单位责任人及领导人的责任。

国家秘密一旦泄露应及时采取补救措施。机关、单位应当制定泄密应急预案，一旦发现本机关、单位持有的国家科学技术秘密可能泄露或者已经泄露，应当在24小时内向业务主管部门、科学技术行政管理部门和保密行政管理部门报告，同时启动应急预案，并协助查处泄密事件。

第九章
夯实各级保密责任

第一节 明确各级保密责任

机关、单位科学技术保密工作职责包括:(1)建立健全科学技术保密管理制度;(2)设立或者指定专门机构管理科学技术保密工作;(3)依法开展国家科学技术秘密定密工作,管理涉密科学技术活动、项目及成果;(4)确定涉及国家科学技术秘密的人员(以下简称涉密人员),并加强对涉密人员的保密宣传、教育培训和监督管理;(5)加强计算机及信息系统、涉密载体和涉密会议活动保密管理,严格对外科学技术交流合作和信息公开保密审查;(6)发生资产重组、单位变更等影响国家科学技术秘密管理的事项时,及时向上级机关或者业务主管部门报告。

领导干部的保密责任很重要,各级党政领导干部,含社会团体、事业单位的县(处)级以上党政领导干部,以及国有大、中型企业相当县(处)级的党政负责人,对保密工作负有领导责任。在研究、部署涉及党和国家秘密的工作时,要同时对保密工作提出要求,做出安排,做到业务工作管到哪里、保密工作也要管好哪里。必须自觉接受保密监督,模范遵守保密法律、法规和下列保密守则:(1)不泄露党和国家秘密。(2)不在无保密保障的场所阅办、存放秘密文件、资料。(3)不擅自或指使他人复制、摘抄、销毁或私自留存带有密级的文件、资料。确因工作需要复印的,复印件应按同等密级文件管理。(4)不在非保密笔记本或未采取保密措施的电子信息设备中记录、传输、储存党和国家秘密事项。(5)不携带秘密文件、资料进入公共场所或进行社交活动;特殊情况确需携带时,须经本单位保密部门或主管领导批准,并由本人或指定专人严格保管。(6)不准用无保密措施的通信设施和普通邮政传递党和国家秘密。(7)不准与亲友和无关人员谈论党和国家秘密,管好身边工作人员和配偶、子女。(8)不在私人通信及公开发表的文章、著作、讲演中涉及党和国家秘密。(9)不在涉外活动或接受记者采访中涉及党和国家秘密;确因工作需要涉及或提供党和国家秘密的,应事先报经有相应权限的机关批准。(10)不在出国访问、考察等外事活动中携带涉及党和国家秘密的文件、资料或物品；确因工作需要携带的，须按有关规定办理审批手续，并采取严格的保密措施。

主要领导的保密责任是指各级党政主要领导对本地区、本部门的保密工作负有领导责任。要带头贯彻执行中央关于保密工作的方针、政策、指示、决定，定期听取保密工作的情况汇报，及时解决保密工作中存在的重大问题。

分管保密工作领导的责任是指，分管保密工作的领导，对本地区、本部门的保密工作负有直接领导责任。应结合实际，提出贯彻执行上级保密工作方针、政策、指示、决定的具体意见和措施，负责指导、协调和督促、检查本地区、本部门的保密工作，及时处理保密工作中的重大问题和失泄密事件。

保密要害部门、部位实行"谁主管、谁负责"的原则，做到严格管理、责任到人、严密防范、确保安全。保密要害部门、部位主要负责人的职责是：（1）确保国家秘密的绝对安全；（2）结合本部门、部位实际，制定具体保密管理制度和防范措施；（3）建立岗位责任制，把保密责任落实到人，与所属工作人员签订《保密责任书》；（4）开展保密宣传教育，定期进行保密培训，增强所属工作人员的防范意识，掌握保密知识和技能；（5）按照工作人员的涉密等级，严格控制国家秘密知悉范围；（6）对所属工作人员辞职、调动、因私出国（境）申请提出意见；（7）对所属工作人员执行保密制度、遵守保密纪律情况进行监督、考核；（8）定期对保密环境和涉密载体进行检查，及时消除泄密隐患。

保密要害部门、部位工作人员必须保守国家秘密，维护国家安全和利益，并符合下列基本条件：（1）忠于祖国、政治可靠，历史清白、思想进步，遵守纪律、品行端正；（2）工作成绩优异，年度岗位考核必须为"称职（合格）"以上。保密要害部门、部位工作人员应履行下列职责：（1）严格执行保密法律、法规、规章和规定；（2）依法确定、使用和管理国家秘密及其载体；（3）负责所在办公场所及技术设备、设施的保密安全。

定密责任人的主要职责应该包括：（1）在定密权限范围内，审核批准本机关、本单位产生的以及无相应定密权限的机关、单位提请的国家科学技术秘密的名称、密级、保密期限、保密要点和知悉范围；（2）同本机关、本单位确定的国家科学技术秘密持有单位（以下简称持密单位）签订《保密责任书》；（3）对本机关、本单位确定的尚在保密期限内的国家科学技术秘密进行审核，做出是否变更或者解除的决定；（4）对本机关、本单位产生的且无权定密的国家科学技术秘密事项，提请上级有相应定密权的机关、单位定密。

定密责任人出现紧急情形应当调整。《国家科学技术秘密持有单位管理办法》机关、单位指定的定密责任人有下列情形之一的，应当做出调整：（1）定密不当，情节严重的；（2）因离岗离职无法继续履行定密职责的；（3）科学技术行政管理部门建议调整的；（4）因其他原因不宜从事定密工作的。

定密责任人和承办人出现如下情形应当问责。《国家科学技术秘密持有单位管理办法》第六章第三十五条规定，定密责任人和具体开展定密工作的人员有下列行为之一的，机关、单位应当及时纠正并进行批评教育；造成严重后果的，依纪依法给予处分：（1）应当确定国家科学技术秘密而未确定的；（2）不应当确定国家科学技术秘密而确定的；（3）超出定密权限定密的；（4）未按照规定程序定密的；（5）未按规定变更国家科学技术秘密的密级、保密期限、保密要点、知悉范围的；（6）未按要求开展解密审核的；（7）不应当解除国家科学技术秘密而解除的；（8）应当解除国家科学技术秘密而未解除的；（9）违反法律法规规定和本办法的其他行为。

涉密人员保密工作责任主要有：严格遵守保密法律法规、规章制度；自觉接受保密教育培训；依法保管和使用涉密载体及设施、设备；制止和纠正违反保密规定的行为；接受保密监督检查；发现泄密隐患或泄密行为及时报告，并积极采取补救措施等。

第二节　常见保密违法行为及其处置措施

保密违法行为是指机关、单位和个人违反《保密法》法律法规的规定，实施可能导致国家秘密泄露或严重威胁国家秘密安全，以及导致保密措施失败和保密防护体系受到破坏，尚不能构成犯罪的违法行为。保密违法行为从产生后果上可以分为两类，一类是实施保密违法行为，导致国家秘密泄露的，称为泄密行为；另一类是实施保密违法行为，尚不能确定国家秘密泄露，但存在泄密隐患的，称之为违规行为。

最常见、最典型的保密违法行为，主要有：（1）非法获取、持有国家秘密载体的；（2）买卖、转送或者私自销毁国家秘密载体的；（3）通过普通邮政、快递等无保密措施的渠道传递国家秘密载体的；（4）邮寄、托运国家秘密载体出境，或者未经有关主管部门批准，携带、传递国家秘密载体出境的；（5）非法复制、记录、存储国家秘密的；（6）在私人交往和通信中涉及国家秘密的；（7）在互联网及其他公共信息网络或者未采取保密措施的有线和无线通信中传递国家秘密的；（8）将涉密计算机、涉密存储设备接入互联网及其他公共信息网络的；（9）在未采取防护措施的情况下，在涉密信息系统与互联网及其他公共信息网络之间进行信息交换的；（10）使用非涉密计算机、非涉密存储设备存储、处理国家秘密信息的；（11）擅自卸载、修改涉密信息系统的安全技术程序、管理程序的；（12）将未经安全技术处理的退出使用的涉密计算机、涉密存储设备赠送、出售、丢弃或者改作其他用途的；（13）对应当定密的事项不定密，或者对不应当定密的事项定密，造成严重后果的。

侵犯国家秘密犯罪是刑事违法，属于刑法调整范围。侵犯国家秘密犯罪的具体罪名，分别在《刑法》的危害国家安全罪、妨害社会管理秩序罪、渎职罪和军人违反职责罪等各章中，主要包括：为境外窃取、刺探、收买、非法提供国家秘密情报罪（《刑法》第一百一十一条），非法获取国家秘密罪（《刑法》第二百八十二条第一款），非法持有国家绝密、机密文件、资料、物品罪（《刑法》第二百八十二条第二款），故意泄露国家秘密罪（《刑法》第三百九十八条），过失泄露国家秘密罪（《刑法》第三百九十八条），非法获取军事秘密罪（《刑法》第四百三十一条第一款），为境外窃取、刺探、收、非法提供军事秘密罪（《刑法》第四百三十一条第二款），故意泄露军事秘密罪（《刑法》第四百三十二条），过失泄露军事秘密罪（《刑法》第四百三十二条）。

侵犯国家秘密犯罪，给国家秘密安全造成严重损害后果，触犯了刑法有关规定，责任人需承担刑事法律责任。保密违法行为损害后果尚未达到刑事犯罪的程度，责任人应承担行政法律责任。

保密违法行为，根据保密法等有关法律法规规定，由保密行政管理部门组织开展调查处理工作；侵犯国家秘密犯罪行为，根据刑事诉讼法等有关法律规定由人民法院、人民检察院、公安机关、国家安全机关等司法机关分工负责立案、侦查、公诉和审判。

对构成侵犯国家秘密罪的人员，《刑法》第一百一十一条规定：为境外的机构、组织、人员窃取、刺探、收买、非法提供国家秘密或者情报的，处五年以上十年以下有期徒刑；情节特别严重的，处十年以上有期徒刑或者无期徒刑；情节较轻的，处五年以下有期徒刑、拘役、管制或者剥夺政治权利。第二百八十二条规定，以窃取、刺探、收买方法，非法获取国家秘密的，处三年以下有期徒刑、拘役、管制或者剥夺政治权利；情节严重的，处三年以上七年以下有期徒刑。非法持有属于国家绝密、机密的文件、资料或者其他物品，拒不说明来源与用途的，处三年以下有期徒刑、拘役或者管制。第三百九十八条规定，国家机关工作人员违反保守国家秘密法的规定，故意或者过失泄露国家秘密，情节严重的，处三年以下有期徒刑或者拘役；情节特别严重的，处三年以上七年以下有期徒刑。非国家机关工作人员犯前款罪的，依照前款的规定酌情处罚。

党的纪律处分条例规定，丢失秘密文件资料或者泄露党和国家秘密，情节较轻的，给予警告或者严重警告处分；情节较重的，给予撤销党内职务或者留党察看处分；情节严重的，给予开除党籍处分。

对泄露国家秘密的相关责任人员应追究责任。在保密工作方面不负责任，致使发生重大失泄密事故，造成或者可能造成较大损失的，对负有主要领导责任者给予警告或者严重警告处分，造成或者可能造成重大损失的，对负有主要领导责任者，给予撤销党内职务处分。

最高检察院对泄露国家秘密有明确的立案标准。最高人民检察院关于故意泄露国家秘密罪的立案标准是，涉嫌下列情形之一的，应以故意泄露国家秘密罪立案：泄露绝密级国家秘密1项（件）以上的；泄露机密级国家秘密2项（件）以上的；泄露秘密级国家秘密3项（件）以上的；向非境外机构、组织、人员泄露国家秘密，造成或者可能造成危害社会稳定、经济发展、国防安全或者其他严重危害后果的；通过口头、书面或者网络等方式向公众散布、传播国家秘密的；利用职权指使或者强迫他人违反保守国家秘密法的规定泄露国家秘密的；以谋取私利为目的泄露国家秘密的；其他情节严重的情形。

最高人民检察院关于过失泄露国家秘密罪的立案标准是，涉嫌下列情形之一的，应以过失泄露国家秘密罪立案：泄露绝密级国家秘密1项（件）以上的；泄露机密级国家秘密3项（件）上的；泄露秘密级国家秘密4项（件）以上的；违反保密规定，将涉及国家秘密的计算机或者计算机信息系统与互联网连接，泄露国家秘密的；泄露国家秘密或者遗失国家秘密载体，隐瞒不报、不如实提供有关情况或者不采取补救措施的；其他情节严重的情形。

各级党政领导干部落实保密工作责任制的情况，应纳入领导干部考核内容，并注意听取保密委员会的意见，凡履行保密工作领导职责不力的不能提拔使用。对单位存在重大泄密隐患或发生失泄密事件负有主要领导责任的党政领导干部，视情节轻重，按照干部的管理权限给予警告、严重警告、撤销党内职务、留党察看或者开除党籍处分。对玩忽职守、拒不履行保密工作领导职责，造成严重失泄密后果的党政领导干部，要依法追究其法律责任。

后记

本书在成书过程中得到了国家保密局相关业务部门和中国保密协会领导的关心，得到了中国海洋大学、海洋试点国家实验室领导的大力支持。王晓东、刘为校、曲丹、罗祥裕、房子琪等提供了积极帮助。在本书出版之际，十分感谢所有关心支持和提供帮助的领导、专家和同仁！

由于水平有限，书中如有不足之处，敬请指正。

解玮玮

2019年8月